経済数学の羅針盤

解析学・大学院入試問題解題

藤間 真・中村 勝之 共著

現代数学社

はじめに

　本書は，大学院の入試に出題された問題を題材に，微分方程式を中心に解析学について理解を深めたうえで，経済学への展開をめざすものである．換言すると，体系だった解析学の教育を受けたが，理解しきれた感がまだない諸君に向けて，「わかった感」を提供することを目的とする．

　まず第Ⅰ部で，解析学，特に複素解析から微分方程式に関する院試問題を掘り下げることによって，解析学特に微分方程式の「わかった感」を得ることをめざす．その上で第Ⅱ部でそれらが経済学においてどのように広がりを見せるかを体得してもらうことを通じて別の立場の「わかった感」を得ることをめざす．

　本書全体の大きな特徴は，先述した通り，経済数学への接続を意識したところにあるが，第Ⅰ部については，常微分方程式についても，偏微分方程式についても，二階のものから始めている．これは，二階の方程式の方が背景にある数理モデルが想像しやすいと判断したところからの配列である．一方，第Ⅱ部については，微分方程式と切っても切り離せない差分方程式の話を中心に，経済成長論や，最適制御問題への応用につながる配列となっている．波動方程式に代表される物体や物質の運動は連続時間で把握されるが，経済事象を物理現象のアナロジーみたく連続時間で扱うのは，直感的理解が却って難しくなる．そのため，離散時間を用いる差分方程式をかなり意識付けしている．

　藤間は数理生物学，中村は理論経済学をそれぞれ専門とし，同じ大学の同じ学部の同僚以上の接点は研究のベースに微分方程式を利用している位である．本来複数の著者による書籍の刊行は表現等を統一するのが通例であるが，本書は2人の個性を存分に発揮する意図で，敢えてまったく筆致を変えている．第Ⅰ部では会話型，第Ⅱ部では敬体（です・ます調）による解説を採用している．これは筆者

らの思う「わかった感」獲得のためのアプローチの違いであり，これも本書の特徴となっている．また，通常書籍では第1章，第2章，…と構成が表記されるが，本書では敢えて第1話，第2話，…と表記しているのも特徴である．

　注意していただきたいのは，このような方向性を掲げた書籍であるため，複素関数や微分方程式の基本的な知識は既習である読者を対象としている．そのため，基本的な概念についての説明はそれほど細かくない．逆に言うと，入門レベルの微分積分・複素関数・微分方程式を学んだ時の書籍やノートを随時参考にしながら読まれることを想定している．なお，全体像の把握を優先する読者は，ウルフラム・アルファ (https://ja.wolframalpha.com/) 等の数式処理システムを併用することによって，単純計算を回避することも一つの方策である．

　また，大学院の入試対策を目的としているわけではないため，体系性も網羅性も自己完結性もない．書棚でこの本を手に取られた方が，大学院の入試対策を求めてこの本を手に取られたのであれば，他の本と比較したうえで選定することを強く勧める．

　本書の母体は，『理系への数学』(当時，今の『現代数学』) 誌の2005年6月号〜2006年7月号に「大学院入試問題散策 ―解析学講話―」という題目で連載した記事である．もっとも，単行本化にあたり，第I部では，藤間担当の連載の初出から順序を入れ替え，またあちこちを加筆修正した．特に各月の掲載分の口上とまとめについては，単行本の書籍の章の始まりと終わりにふさわしく書き直した．第II部では，中村担当した記事が『大学院へのマクロ経済学講義』(2009年．2021年に新装版が刊行) に反映させた関係で，本書では全面的に書き下ろすこととなった．

　本書によって，解析学についての「モヤモヤ感」が軽減する学生が増えることを祈りつつ．

2024年10月

藤間　真・中村　勝之

目 次

はじめに ……………………………………………………………………… i

第 1 部　解析学諸分野への入口回遊 ……………………………… 1

第 1 話　複素数と指数・対数・三角関数 ……………………………… 3
　1.1　一つ目のお題（複素数乗による変換）　3
　1.2　二つ目のお題（複素数での三角関数）　7
　1.3　三つ目のお題（複素数の複素数乗と複素変数の対数関数）　9
　1.4　四つ目のお題（コーシー・リーマンの式）　11

第 2 話　複素解析への入口 …………………………………………… 17
　2.1　一つ目のお題（解析的関数の入口）　17
　2.2　二つ目のお題（円円対応への入口）　19
　2.3　三つ目のお題（留数とその応用への入口）　24

第 3 話　運動方程式を背景に持つ常微分方程式 …………………… 31
　3.1　一つ目のお題（力学を起源にもつ微分方程式）　32
　3.2　二つ目のお題（相平面図による図示）　37

第 4 話　直接扱える常微分方程式 …………………………………… 43
　4.1　一つ目のお題（ベルヌーイの微分方程式）　44
　4.2　二つ目のお題（クレーローの方程式）　47
　4.3　三つ目のお題（安定性解析の入口）　51

第5話 連立常微分方程系と線形代数 — 57

- 5.1 一つ目のお題（行列の指数関数） *57*
- 5.2 二つ目のお題（行列の固有値・固有ベクトルと微分方程式） *63*
- 5.3 三つ目のお題（行列の対角化と微分方程式） *68*
- 5.4 行列係数微分方程式の幾何的意味づけ *71*

第6話 温度分布を源流とする偏微分方程式 — 75

- 6.1 一つ目のお題（熱方程式の入口） *76*
- 6.2 二つ目のお題（熱方程式に帰着できる方程式） *81*
- 6.3 三つ目のお題（熱方程式とエネルギー散逸） *85*

第7話 直接解ける偏微分方程式 — 89

- 7.1 一つ目のお題（特性基礎曲線の復習） *90*
- 7.2 二つ目のお題（楕円形方程式の入口） *93*
- 7.3 三つ目のお題（KdV 方程式） *97*

第8話 フーリエ解析の入口に立つ — 105

- 8.1 一つ目のお題（フーリエ係数と線型代数） *106*
- 8.2 二つ目のお題（無限級数への応用） *109*
- 8.3 三つ目のお題（三角関数による近似と不連続点） *113*

第9話 数値解析の入口に立つ — 121

- 9.1 一つ目のお題（ニュートン法） *122*
- 9.2 二つ目のお題（リッツ法と差分法） *123*
- 9.3 三つ目のお題（CFL 条件） *128*

第2部　マクロ経済分析への航海灯　　135

第1話　あえての差分方程式　　137
1．1階差分方程式　　*138*
2．高階差分方程式　　*141*
3．差分方程式の経済分析への応用〜ソローモデル〜　　*147*
4．まとめにかえて　　*155*

第2話　微分方程式を使った経済分析の基礎　　157
1．腕試し　　*158*
2．ソローモデルへの応用　　*162*
3．生産関数の違い　　*167*
4．政府の存在　　*174*
5．まとめにかえて　　*181*

第3話　異時点間最適化問題の扉を開く　　183
1．腕試し　　*184*
2．1期間モデル　　*188*
3．2期間モデル　　*195*
4．政府の存在　　*199*
5．まとめにかえて　　*204*

第4話　異時点間最適化問題の本丸へ　　207
1．3期間モデル　　*208*
2．T期間モデルへの拡張〜ハミルトニアンによる解法〜　　*213*
3．世代重複モデルの基本　　*223*
4．まとめにかえて　　*231*
　　補足　連続時間にもとづく最適制御問題　　*232*

読書案内	*235*
あとがき	*238*
索　引	*241*

第 1 部

解析学諸分野への入口回遊

第 1 話

複素数と
指数・対数・三角関数

A 大学院の問題と言いながら，指数・対数・三角関数ですか？

T たしかに，指数・対数・三角関数というと高校一年の，文系でも扱うような話題に見えますが，複素数の世界まで進んでから見直すと，結構自分のわかった感がぐらつくところでもあるので，まずはしっかり土台を固めたいと思います．

1.1 一つ目のお題（複素数乗による変換）

---
z 平面 $\{z = x + y\sqrt{-1} \mid x, y \in \mathbb{R}\}$ から w 平面 $\{w = + r\sqrt{-1} \mid u, v \in \mathbb{R}\}$ への変換について次の問いに答えよ．

(1) 直線 $x = a$ は $w = e^z$ によってどうなるか述べよ．

(2) 直線 $y = b$ は $w = e^z$ によってどうなるか述べよ．

静岡大学大学院（改題）

1.1.1 準備

T まず，e^z とは何かわかりますか？

A e^n は元来 e を n 回掛け合わすことを表現しますが，複素数回掛け合わせると言うと….

T 自然数乗から段々と拡張して最終的に複素数乗を定義する道のりを復習してください．

A 正の実数 a と正の整数 n に対してなら，a^n は a を n 回掛け合わしたものです．この定義から，べき乗に関して指数法則 $a^{m+n} = a^m \times a^n$ が成立することがわかります．この指数法則が正の有理数 p/q についても成立するように拡張すると，$a^{p/q} = \sqrt[q]{a^p}$ と定義すれば良いことが導けます．更に，零や負の数についても，指数法則が成立するように拡張すると $a^{-p/q} = 1/a^{p/q}$ と定義すれば良いことがわかります．

T 本当は，この様に定義した場合，約分しても値が変わらない等，矛盾なく定義できていることを確認する必要がありますが，ここでは割愛します．ひっかかりを感じる人は納得いくまで考えてみて下さい．

さて，無理数乗についてはどうですか．

B 無理数乗はその無理数を近似する有理数列を使った値の極限で近似します．この定義の妥当性もまた省略します．

T この様に，重要な性質に着目して構成的に定義を拡張していくことは，数学を推進してきた考え方の一つです．もちろん，このような背景を理解しているか，単に呪文の様に暗記しているかを通常の試験で見抜くことは難題であり，得点稼ぎのために

暗記を推薦する学習法もあるわけですが，それは数学の本質を誤解させる学習法だとも思いますし，「わかった感」が起きない原因だとも思います．

A さて，複素数 $z = x + iy$ に対する e^z については，下記の三つの定義があります：

$$e^z = e^{x+iy} = e^x (\cos y + i \sin y) \tag{1.1}$$

$$e^z = \lim_{n \to \infty} (1 + z/n)^n \tag{1.2}$$

$$e^z = \sum_{k=0}^{\infty} \frac{z^k}{k!} = 1 + \frac{z}{1!} + \frac{z^2}{2!} + \frac{z^3}{3!} + \cdots \tag{1.3}$$

B この三つとも，z の虚部が零であるとき，つまり $z \in \mathbb{R}$ のときは先の実数乗で計算したものと同じ値になることは大学1年生で学ぶ微積分学の初歩的な知識でわかります．また，三つの定義が z の虚部が零でないときも含め，同値であること，指数法則が成立していることなども証明できますが省略します．なお，(1.1) で $x = 0$ のときをオイラー (Euler) の公式と呼びます．また，(1.3) はマクローリン (Maclaurin) 展開を定義式として扱っているとも解釈できます．

A オイラーの公式からわかるように，複素変数の指数関数は，虚軸方向に着目すると周期が $2\pi i$ の周期関数です．

T 逆に言えば，「複素数乗」は「何回かけ合わせたか」という出発点から，良い性質を残しながらもともとの意味が通用しないところまで拡張することを繰り返して (1.1)～(1.3) のような遠いところまで来たのだといえます．

1.1.2　小問 (1) の方針

B　さて，$x=a$ ですが，きちんと集合の形で書くと $\{(a+y\sqrt{-1})|y\in\mathbb{R}\}$ となり，虚軸に平行で実軸を a で横切る直線となります．これを変換したものは，(1.1) を使って考えると $\{w=e^a(\cos y+i\sin y)|y\in\mathbb{R}\}$ と書けます．これが複素平面上ではどのような図形かと言うと，原点を中心にした，半径 e^a の円となります．なお，$a\in\mathbb{R}$ ですから $e^a\in\mathbb{R}$ であり，e^a を長さと解釈して問題ありません．

1.1.3　小問 (2) の方針

B　同様に $y=b$ をきちんと集合の形で書くと $\{(x+b\sqrt{-1})|x\in\mathbb{R}\}$ となり，実軸に平行で虚軸を b で横切る直線となります．$\{w=e^x(\cos b+i\sin b)|x\in\mathbb{R}\}$ に変換されます．実部と虚部がどうなるかを考えると，$\mathrm{Re}\,w=\mathrm{Re}[e^x(\cos b+i\sin b)]=e^x\cos b$, $\mathrm{Im}\,w=\mathrm{Im}[e^x(\cos b+i\sin b)]=e^x\sin b$ となります．これが複素平面上ではどのような図形かと言うと，原点から始まる，傾き $\tan b$ である半直線となります．

T　図に描くとどうなりますか．

B　高校までのように，横軸に独立変数，縦軸に従属変数をとってグラフを描くわけに行きません．そこで，変換前の平面上の図形が変換 $w=e^z$ でどのような図形に写るのかを，変換前後の二つの平面を描いて図示します．

A　実際にやってみると，図 1.1 のような平面が図 1.2 のような平面に写る事がわかります．

ここで，実線は $x=a$，破線は $y=b$ を表します．また，実線の太さ，破線のパターンが同じものが，変換による対応を表しています．

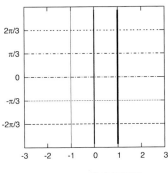

図 1.1 元の複素平面図

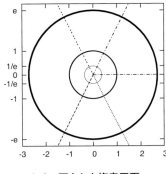

1.2 写された複素平面

1.2 二つ目のお題（複素数での三角関数）

T 次は，三角関数の複素変数への拡張，そして指数関数との関連を扱います．

$z = x + iy$ のとき，次の式を示せ．
$$\tan z = \frac{\sin 2x + i \sinh 2y}{\cos 2x + \cosh 2y}$$

岡山大学大学院（改題）

1.2.1 準備

B 先に，出てくる関数について確認しましょう．

A （棒読みで）複素変数の三角関数の定義は

$$\sin z = (e^{iz} - e^{-iz})/2i, \tag{1.4}$$

$$\cos z = (e^{iz} + e^{-iz})/2, \tag{1.5}$$

$$\tan z = \sin z / \cos z \tag{1.6}$$

です．

T この定義ですが，オイラーの公式 (1.1) で $z = x \pm iy$ にした式との和差を作って整理すると導くことができます．

A 続いて sinh, cosh ですが，その定義は

$$\sinh x = (e^x - e^{-x})/2,$$

$$\cosh x = (e^x + e^{-x})/2,$$

$$\tanh x = \sinh x / \cosh x$$

です．これらを双曲線関数と呼びます．明らかに，複素数上の指数関数を使えば，複素数上の双曲線関数が定義できます．

B 更に，

$$\sinh z = -i \sin iz, \tag{1.7}$$

$$\cosh z = \cos iz, \tag{1.8}$$

$$\tanh z = -i \tan iz \tag{1.9}$$

となることも明らかです．

T 紙面の関係もあって深入りしませんが，ある意味で恣意的に決めたようにも見える，複素数の指数関数や三角関数，双曲線関数が，色々な公式で網の目のように関係付けられていることが導かれます．(1.4)–(1.9) を無理に覚えるより，繋がりの面白さを味わいながら導出法を覚えて必要に応じて導くように

した方が「わかた感」につながりますし，同時に美しさを感じ取る感性も育つと思います．

1.2.2 方針

B 左辺の双曲線関数を三角関数を使った式に書き直して整理する方針で進めましょう．

A 実際に進めてみると

$$\frac{\sin 2x + i\sinh 2y}{\cos 2x + \cosh 2y} = \frac{\sin 2x + i \times -i\sin 2iy}{\cos 2x + \cos 2iy}$$

$$= \frac{\sin 2x + \sin 2iy}{\cos 2x + \cos 2iy}$$

$$= \frac{2\sin\{(2x+2iy)/2\}\cos\{(2x-2iy)/2\}}{2\cos\{(2x+2iy)/2\}\cos\{(2x-2iy)/2\}}$$

$$= \frac{2\sin\{(2x+2iy)/2\}}{2\cos\{(2x+2iy)/2\}} = \tan(x+iy) = \tan z$$

となり，確かに題意が導かれました．

1.3 三つ目のお題
（複素数の複素数乗と複素変数の対数関数）

T 次は，対数関数と一般の複素数の複素数乗についてです．

$(1+i)^i$ を求めよ．　　　　　　　　　　　　慶應義塾大学大学院（改題）

1.3.1 準備

A 複素数の複素数乗は，実関数の指数・対数関数の類比から $a, z \in \mathbb{C}$ に対し
$$a^z = \exp(z \log a)$$
で定義されます．ここで，$\exp(z)$ は §1.1 で扱った e^z です．

T $\log a$ は複素変数の対数関数ですが，その定義をはっきりさせてください．

A $z \in \mathbb{C}$ となる z に対し，
$$\log z = \mathrm{Log}|z| + i(\arg z + 2n\pi i) \quad (n \in \mathbb{Z}) \tag{1.10}$$
で定義されます．ここで Log は実変数での自然対数です．

B 形式的には，複素数 z を複素平面で表現するとき，原点からの距離が $|z|$ で，それを $\arg z$ だけ回転させたことを表す式
$$z = |z| \exp(i \arg z)$$
の両辺の対数を取ることにより (1.10) を得ることができます．なお，この対数関数は $2\pi i$ ごとの値をとる無限多価関数となりますが，それは §1.1.1 の最後で指摘した，e^z が虚軸方向では周期関数であることに対応します．

A 本題にもどります．
$$|1+i| = \sqrt{2},\ \arg(1+i) = \frac{\pi}{4}$$
ですから，
$$\log(1+i) = \log(\sqrt{2}) + i\left(\frac{\pi}{4} + 2\pi i\right)$$
を経て

$$(1+i)^i = \exp(i\log(1+i))$$
$$= \exp\left[i\left\{\log(\sqrt{2}) + i\left(\frac{\pi}{4} + 2n\pi i\right)\right\}\right]$$
$$= \exp\left[\frac{i\log 2}{2}\right]\exp\left[-\left(\frac{\pi}{4} + 2n\pi i\right)\right]$$
$$= \left[\cos\left(\frac{\log 2}{2}\right) + i\sin\left(\frac{\log 2}{2}\right)\right]\exp\left[-\left(\frac{\pi}{4} + 2n\pi i\right)\right] \quad (n \in \mathbb{Z})$$

を得ます．

1.4　四つ目のお題（コーシー・リーマンの式）

T　少し趣向を変えて，複素微分の定義に関する問題で締めましょう．

正則関数 $f(z) = u(x, y) + iv(x, y)$ について
(1) コーシー・リーマンの式を書け（証明不要）．
(2) $u(x, y) = \dfrac{x}{x^2 + y^2 - 2y + 1}$ となるとき，正則関数 $f(z)$ を求めよ．

東北大学大学院（改題）

1.4.1　小問 (1) について

A　コーシー・リーマン (Cauchy–Riemann) の式とは，正則関数（微分可能な複素関数）$f(z) = u(x, y) + iv(x, y)$ ($z = x + iy$, $x, y, u, v \in \mathbb{R}$) に対して成立する

$$\frac{\partial}{\partial x}u(x,y) = \frac{\partial}{\partial y}v(x,y),$$
$$\frac{\partial}{\partial y}u(x,y) = -\frac{\partial}{\partial x}v(x,y) \tag{1.11}$$

のことです．

T 大学院の入試という意味では既知として扱って構わない，偏微分についてですが，「わかった感」のためにもきちんと押さえておきましょう．

A 偏微分とは，いくつかの変数によって値が決まる関数について，一つの変数以外はパラーメータと思って固定した，特定の変数による微分のことです．たとえば，(1.11) 式の第一式の左辺について定義をきちんと書くと，

$$\frac{\partial}{\partial x}u(x,y) = \lim_{\Delta x \to 0}\frac{u(x+\Delta x, y) - u(x,y)}{\Delta x}$$

となります．

B 一変数複素関数は，1 個の複素数に対して 1 個の複素数を対応させる関数ですが，実部虚部を考えると，2 個の実数に対して 2 個の実数を対応させる関数だと捉えることもできます．そして，コーシー・リーマンの式は，複素平面のどの方向から近づいても一定の微分係数だということを具現化しているとも解釈できます．そして，この制限が複素関数論の非常な美しさの根源となります．

1.4.2 小問 (2) について

B 実部がわかっているので，虚部が決定できれば関数は決定できます．そのためにコーシー・リーマンの式を使いましょう．

A コーシー・リーマンの式を使うために，与えられた u を偏微分することにより

$$\frac{\partial}{\partial x}u(x,y) = \frac{-x^2+(y-1)^2}{\{x^2+y^2-2y+1\}^2}, \tag{1.12}$$

$$\frac{\partial}{\partial y}u(x,y) = \frac{-2x(y-1)}{\{x^2+y^2-2y+1\}^2} \tag{1.13}$$

を用意します．$u_x = v_y$ から u_x を y で積分してやると v が得られるので実際に実行すると，

$$v(x,y) = \int u_x dy$$
$$= \int \frac{-x^2+(y-1)^2}{\{x^2+y^2-2y+1\}^2} dy = \frac{-(y-1)}{x^2+(y-1)^2} + \varphi(x)$$

となります．ここで φ は y によらない関数です．

B 同様に，$u_y = -v_x$ を用いると，$v(x,y) = \frac{-(y-1)}{x^2+(y-1)^2} + \psi(y)$

となり φ, ψ が x にも y にもよらない関数であることがわかり，結局定数であることがわかります．よって，

$$f(z) = \frac{x}{x^2+y^2-2y+1} + i\left(\frac{-(y-1)}{x^2+(y-1)^2} + C\right)$$
$$= \frac{x-yi+i}{x^2+(y-1)^2} + iC = \frac{x-yi+i}{x^2-i^2(y-1)^2} + iC$$
$$= \frac{x-yi+i}{\{x+i(y-1)\}\{x-i(y-1)\}} + iC$$
$$= \frac{1}{\{x+i(y-1)\}} + iC = \frac{1}{z-i} + iC$$

となります．ここで，C は任意定数です．

T 複素数の関数は，実部と虚部を考えると，二実数変数の実関数二つと捉えることができるわけですが，その二つの実関数は，コーシー・リーマンの式で結び付けられているわけです．

この束縛によって，複素微分可能な関数は，実数での微分可能関数よりはるかに美しい広がりを持つのですが，そのあたりは次章で扱います．

column

B　大学での数学の学び方についての参考になる本で何か御推薦はありますか？

T　大学での数学の学び方と言っても，将来数学を究めたいと思っている人と，道具として身につけたい人と，教養として身につけたい人では当然変わってくるわけです．また，きちんと身につけることを目的にする人と，試験を突破する為だけに学ぶ人の間でも違いがあって当然でしょう．

　数学に限らず大学での学び方を含めた勉強の方法については近年色々な本が出版されていますので大学図書館で読み比べて自分にあうものを探すのが良いと思います．また，大学受験までの数学の勉強の仕方を認知心理学的に批判した書物として[2]などがあります．こちらも一度図書館で探されることを勧めます．数学を究めたい人にお勧めする本は，他の先生の記事や一般の書籍に任せることにして，ここでは触れないことにします．

　さて，忘れてはならないことは，大学そのものが大学の先生方の学ばれた時代から変化していることです．

　その意味で，見落としてはならないのは，マーチン・トロウ（Martin Trow）の大学三段階説です．トロウは，大学進学

率を一つの指標として，エリート教育・マス教育・ユニバーサル教育の三段階で大学が変遷することを [3] において予言しました．半世紀経った今でも大筋を理解するための作業仮説としての有効性はいまだ衰えていないと思います．もっとも，[3] はやはり古くなっています．しかし，現代日本の大学の状況を一冊で把握できる本はないので，こちらも大学図書館で色々読み比べるほかないと思います．

参考文献

[1] アーサー・W．コーンハウザー，『大学で勉強する方法』，玉川大学出版部

[2] 藤澤伸介．『ごまかし勉強』上・下，新曜社，2002

[3] マーチン・トロウ，『高学歴社会の大学：エリートからマスへ』，東京大学出版会，1976

[4] 喜多村和之，『現代の大学・高等教育：教育の制度と機能』，玉川大学出版部，1999

[5] 梶原壌二 著，『改訂増補・新修解析学』，現代数学社，2005

[6] 東京図書編集部編，『詳解大学院への数学（改訂新版）』，東京図書，1992

[7] 姫野俊一・陳啓浩著，『演習 大学院入試問題 [数学] I（第二版）』，サイエンス社，1997

[8] 姫野俊一・陳啓浩著，『演習 大学院入試問題 [数学] II（第二版）』，サイエンス社，1997

[9] 姫野俊一・陳啓浩著，『大学院別入試問題と解法 [数学] I』，サイエンス社，1998

[10] 姫野俊一・陳啓浩著，『大学院別入試問題と解法 [数学] II』，サイエンス社，1998

[11] 姫野俊一・陳啓浩著，『解法と演習 工学系大学院入試問題〈数学・物理

学〉』, サイエンス社, 2003
[12] 関正治・姫野俊一・陳啓浩著,『解法と演習 大学院入試問題〈情報通信系〉』, サイエンス社, 2004

第2話

複素解析への入口

T 前章は複素数上の初等関数の入口の話題でしたが，本章では複素解析ならではの話題を扱います．

2.1 一つ目のお題（解析的関数の入口）

> 複素平面 $\mathbb{C}$ 上で解析的な二つの関数 f, g がすべての点 z で連立微分方程式
> $$f'(z) = g(z), \quad g'(z) = -f(z) \tag{2.1}$$
> を満たし，更に，初期条件
> $$f(0) = 0, \quad g(0) = 1 \tag{2.2}$$
> を満たすと言う．f, g はどの様な関数であるか．
>
> 御茶の水大学大学院（改題）

T まず，「解析的」の意味を復習してください．

A ある領域 $\mathbb{D}$ で定義された関数 $f(z)$ が，$\mathbb{D}$ の各点の近傍で収束するべき級数に展開できるとき，$f(z)$ を解析的（analytic）と言います．

B この問題では f, g は $\mathbb{C}$ で解析的ですから，原点の周りでも展開できるので

$$f(z)=\sum_{k=0}^{\infty} a_k z^k, \quad g(z)=\sum_{k=0}^{\infty} b_k z^k \tag{2.3}$$

と置くことができます．(2.2) より，

$$a_0=0, \quad b_0=1 \tag{2.4}$$

が導かれます．

A (2.3) を項別微分することにより，

$$f'(z)=\sum_{k=1}^{\infty} k a_k z^{k-1} = \sum_{k=0}^{\infty} (k+1) a_{k+1} z^k,$$

$$g'(z)=\sum_{k=1}^{\infty} k b_k z^{k-1} = \sum_{k=0}^{\infty} (k+1) b_{k+1} z^k$$

を得ることができます．(2.1)式を使うと，

$$a_{k+1}=\frac{b_k}{k+1}, \quad b_{k+1}=-\frac{a_k}{k+1} \quad (k \geq 0)$$

が得られます．(2.4)を使うと

$$a_{2k-1}=\frac{(-1)^{k-1}}{(2k-1)!}, \quad a_{2k}=0,$$

$$b_{2k-1}=0, \quad b_{2k}=\frac{(-1)^k}{(2k)!}, \quad (k \geq 1)$$

が得られますから，結局

$$f(z)=\sum_{k=0}^{\infty} a_k z^k = \sum_{k=1}^{\infty} \frac{(-1)^{k-1}}{(2k-1)!} z^{2k-1} = \sin z,$$

$$g(z)=\sum_{k=1}^{\infty} b_k z^k = \sum_{k=0}^{\infty} \frac{(-1)^k}{(2k)!} z^{2k} = \cos z$$

T まぁ,「解析的」というキーワードに対応した方針としては良いのではないでしょうか. 大学院入試では解析関数は項別微分が許されるなど, 非常に扱いやすいことをきちんと分かっていることを答案表現した方が良いと思いますが.

また, 連立線型微分方程式だと思って解いてしまってから, 三角関数の解析性を示すという方針もありえるわけですがここでは深入りしません.

2.2 二つ目のお題（円円対応への入口）

T 次は複素平面での円を扱う話題です.

一次分数変換
$$f(z) = \frac{\alpha z + \beta}{\gamma z + \delta} \quad (\alpha, \beta, \gamma, \delta \in \mathsf{C},\ \alpha\delta - \beta\gamma \neq 0)$$
について, 以下の問にこたえよ.

(1) f は非調和比 $(z_1, z_2, z_3, z_4) = \dfrac{z_1 - z_3}{z_1 - z_4} : \dfrac{z_2 - z_3}{z_2 - z_4}$ を不変にすることを示せ.

(2) f は円（直線を含む）を円に写すことを示せ.

東京都立大学大学院（改題）

2.2.1 小問 (1) のための準備

T 一次分数変換 (linear fractional transformation) の他の言い方は知っていますか？

A Möbius 変換とか書いてある本もありますね.

T $\alpha\delta - \beta\gamma \neq 0$ の意味はわかりますか？

A $\alpha\delta - \beta\gamma = 0$ なら $\delta = \dfrac{\beta\gamma}{\alpha}$ となり，これを代入することによって，約分できて定数となります．逆にいうと，$\alpha\delta - \beta\gamma$ は $f(z)$ が定数関数とならないことを表します．

B 非調和比 (anharmonic ratio) は複比 (cross ratio) とも言います．比の値を求めると，

$$(z_1, z_2, z_3, z_4) = \dfrac{\dfrac{z_1 - z_3}{z_1 - z_4}}{\dfrac{z_2 - z_3}{z_2 - z_4}} = \dfrac{(z_1 - z_3)(z_2 - z_4)}{(z_1 - z_4)(z_2 - z_3)}$$

となります．

2.2.2 小問 (1) の略解

B $w_k = f(z_k) = \dfrac{\alpha z_k + \beta}{\gamma z_k + \delta}$ $(k = 1, 2, 3, 4)$ と書くことにして，$w_k - w_\ell$ を整理してみると…

A
$$w_k - w_\ell = \dfrac{\alpha z_k + \beta}{\gamma z_k + \delta} - \dfrac{\alpha z_\ell + \beta}{\gamma z_\ell + \delta}$$
$$= \dfrac{(\alpha\delta - \beta\gamma)(z_k - z_\ell)}{(\gamma z_k + \delta)(\gamma z_\ell + \delta)}$$

となります．実際に f で写った w_k の非調和比の値を計算すると，

$$(w_1, w_2, w_3, w_4) = \frac{\frac{(\alpha\delta-\beta\gamma)(z_1-z_3)}{(\gamma z_1+\delta)(\gamma z_3+\delta)} \times \frac{(\alpha\delta-\beta\gamma)(z_2-z_4)}{(\gamma z_2+\delta)(\gamma z_4+\delta)}}{\frac{(\alpha\delta-\beta\gamma)(z_1-z_4)}{(\gamma z_1+\delta)(\gamma z_4+\delta)} \times \frac{(\alpha\delta-\beta\gamma)(z_2-z_3)}{(\gamma z_2+\delta)(\gamma z_3+\delta)}}$$

$$= \frac{(z_1-z_3)(z_2-z_4)(\gamma z_1+\delta)(\gamma z_4+\delta)(\gamma z_2+\delta)(\gamma z_3+\delta)}{(z_1-z_4)(z_2-z_3)(\gamma z_1+\delta)(\gamma z_3+\delta)(\gamma z_2+\delta)(\gamma z_4+\delta)}$$

$$= \frac{(z_1-z_3)(z_2-z_4)}{(z_1-z_4)(z_2-z_3)}$$

となり，非調和比が一次変換 f によって不変であることがわかります．

2.2.3 小問 (2) のための準備

B まず準備として，一次分数変換が $w=\hat{\alpha}z, w=z+\hat{\beta}, w=1/z$ という三種類の変換の合成で表されることを示しましょう．蛇足ながら，$\hat{\alpha}, \hat{\beta}$ は適当な複素数です．

A まず $\gamma \neq 0$ の場合ですが，

$$w = f(z) = \frac{\alpha z+\beta}{\gamma z+\delta} = \frac{\alpha\delta-\beta\gamma}{\gamma^2} \times \frac{-1}{z+\delta\gamma} + \frac{\alpha}{\gamma} \tag{2.5}$$

と書けますから，$f(z)$ は

$$z+\frac{\gamma\delta}{\gamma}, \quad 1/z, \quad \frac{\alpha\delta-\beta\gamma}{\gamma^2}z, \quad z+\frac{\alpha}{\gamma}$$

を合成したものだと言うことがわかります．

また，$\gamma=0$ の場合は，$(\alpha/\delta)z$ と $z+\beta/\delta$ を合成したものとなります．

T 三つの変換の幾何学的意味はわかりますか？

A $w=\hat{\alpha}z$ は複素数の積の幾何学的意味ですね．原点を中心にした，角度 $\arg\hat{\alpha}$ の回転と $|\hat{\alpha}|$ 倍の伸縮変換の合成を意味しま

す.

　また，$w = z + \hat{\beta}$ は実軸方向に $\operatorname{Re}\hat{\beta}$，虚軸方向に $\operatorname{Im}\hat{\beta}$ 移動する平行移動を意味します．

B $w = 1/z$ ですが，$\dfrac{1}{z} = \dfrac{\bar{z}}{z\bar{z}} = \dfrac{\bar{z}}{r^2}$ となりますから，z を実軸に関する対称点 $\bar{z}$ に移し，さらに $|z| = 1$ に関する対称点[※1]に写す変換だということがわかります．

T 複素平面上の幾何を考えるとき，直線を半径無限大の円と見て，円の特別な場合と見たほうが便利な場合があります．このような，直線も円に含めて考える「広義の円」の方程式の一般形はどうなりますか？

A まず，(x, y) 平面での一般形は，

$$A(x^2 + y^2) + 2Bx + 2Cy + D = 0 \tag{2.6}$$

です．ただし，$A, B, C, D \in \mathbb{R}$ に対して $B^2 + C^2 > AD$ という条件があります．

　実際，$A = 0$ なら，$B^2 + C^2 > 0$ となり，$(B, C) \neq (0, 0)$ となるので，(2.1) 式は $2Bx + 2Cy + D = 0$ となりますから直線の一般形を与えます．

　また，$A \neq 0$ の場合は

$$\left(x + \frac{B}{A}\right)^2 + \left(y + \frac{C}{A}\right)^2 = \frac{B^2 + C^2 - AD}{A^2}$$

となり，$B^2 + C^2 > AD$ という条件より，確かに円の方程式の一般形を表します．

[※1] 原点を出て $\bar{z}$ を通る半直線上で $|w||\bar{z}| = 1$ を満たす点とも言えますし，$\bar{z}$ の単位円に関する反転とも言えます．

B (x, y) 平面を複素平面に書き直すために, $z = x + iy$ から導かれる $x = (z + \overline{z})/2$, $y = (z - \overline{z})/2i$, $x^2 + y^2 = z\overline{z}$ を (2.5) 式に代入すると,

$$Az\overline{z} + (B - iC)z + (B + iC)\overline{z} + D = 0$$

となり, $a = B + iC$ と置くことにより,

$$\begin{aligned} Az\overline{z} + \overline{a}z + a\overline{z} + D = 0, \\ (|a|^2 > AD, A, D \in \mathbb{R}, a \in \mathbb{C}) \end{aligned} \quad (2.7)$$

が複素平面の広義の円の方程式であることが導かれます．

2.2.4 小問 (2) の略解

B 一次分数変換は $w = \hat{\alpha}z, w = z + \hat{\beta}, w = 1/z$ という三つの変換の合成で表されるのだから，それぞれについて検討すればよいことになります．

A まず, $w = \hat{\alpha}z$ についてですが, (2.7) 式に代入すると,

$$\frac{A}{|\hat{\alpha}|^2} w\overline{w} + \frac{\overline{a}}{\hat{\alpha}} w + \frac{a}{\hat{\alpha}} \overline{w} + D = 0 \quad (2.8)$$

となります. $|\overline{a}/\hat{\alpha}| > (A/|\hat{\alpha}|^2)D$ ですから確かに広義の円に移ることがわかります．

次に $w = z + \hat{\beta}$ についてですが，この変換は平行移動なので明らかです．

最後に $w = 1/z$ についてですが, (2.5) 式に代入して両辺に $w\overline{w}$ をかけると

$$Dw\overline{w} + aw + \overline{a}\overline{w} + A = 0 \quad (2.9)$$

となります. $|\overline{a}|^2 - DA > 0$ ですから，確かに広義の円です．

以上により，一般の一次変換も広義の円を広義の円に対応させることがわかります．

T　この，広義の円を広義の円に対応させる対応を，円円対応と呼びます．ここでは扱う余裕はありませんが，複素平面に ∞ を付け加えたもの（リーマン（Riemann）球面）全体からそれ全体の等角写像は一次分数変換に限るなど，一次分数変換には興味深い性質が多々あります．

　最後は，複素関数の華とも言える，留数を応用した積分計算です．

2.3　三つ目のお題（留数とその応用への入口）

Γ を図1のような閉曲線 $ABCDA$ とする．（R, R' は正の定数）

(1) a を定数とするとき，$\displaystyle\oint_\Gamma \frac{e^{az}}{1+e^z}dz$ を求めよ．

(2) a が $0<a<1$ なる定数のとき，$\displaystyle I = \int_{-\infty}^{\infty} \frac{e^{ax}}{1+e^x}dx$ を求めよ．

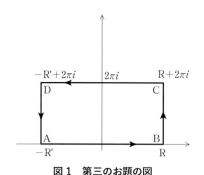

図1　第三のお題の図

東北大学大学院（改題）

2.3.1 準備

T 複素関数の積分について，不可欠なのは，コーシー（Cauchy）の積分定理と留数定理なので，まずそれを復唱してください．

A コーシーの積分定理は，領域 D とその境界 ∂D を含む領域で正則な関数 $f(z)$ に対し，

$$\int_{\partial D} f(z)\,dz = 0$$

が成立する，という定理です．

この系として，$f(z)$ が正則である範囲であれば，積分路を変形してもよいという「積分路変形の原理」が導かれます．

B 留数定理は $f(z)$ が，単純閉曲線 C の内部に有限個の孤立特異点 $a_1, a_2, \cdots, a_m$ を持つが，それらを除けば周も含めて C の内部で正則とするとき，

$$\oint_C f(z)\,dz = 2\pi i \sum_{k=1}^{m} \mathrm{Res}(f, a_k). \tag{2.10}$$

が成立するという定理ですね．

T ここで出てくる Res は何ですか？

B 留数と言います．その定義ですがローラン（Laurent）展開の知識が必要となるので，まずそちらを説明します．

関数 $f(z)$ が円環領域 $D = \{z \mid R_1 < |z-a| < R_2\}$ ($0 \leq R_1 < R_2 \leq \infty$) で正則なら，$D$ において

$$f(z) = \sum_{n=-\infty}^{\infty} c_n (z-a)^n$$

と展開できるというのが，ローラン展開です．そして，c_1 すなわち -1 乗の係数を $f(z)$ の $z=a$ での留数と呼び，

Res(f, a), Res$f(a)$, Res(a) などと書きます．

T 具体的にはどのように計算するのですか？

B 理論的にはローラン展開の係数は

$$c_n = \frac{1}{2\pi i}\oint_C \frac{f(\zeta)}{(\zeta-a)^{n+1}}d\zeta$$

で表されるのですが，一般の関数について，この公式を使って留数を求めるのは実際的ではありません．$z-a$ が単純な極，すなわち $n>1$ である n に対し $c_{-n}=0$ が成立する場合は，

$$\text{Res}(f,a) = \lim_{z \to a}(z-a)f(z)$$

で求めることが多いです．また，$z=a$ が一位の極で，$f(z)=\dfrac{g(z)}{h(z)}$ と書ける場合は，

$$\text{Res}(f,a) = \frac{g(a)}{h'(a)}$$

を使うこともできます．証明はしかるべき本を見てもらうとしてここでは省略します．

2.3.2 小問 (1) 略解

A Γ 内にある被積分関数 $f(z)$ の特異点は $z=\pi i$ だけであり，それは一位の極ですから留数定理を使う方針で進めます．

$z=\pi i$ における $f(z)$ の留数を計算すると

$$\text{Res}(f:\pi i) = \left.\frac{e^{az}}{(1+e^z)'}\right|_{z=\pi i} = -e^{a\pi i}$$

となりますから，

$$\oint_\Gamma \frac{e^{az}}{1+e^z}dz = 2\pi i\,\text{Res}(f:\pi i) = -2\pi i e^{a\pi i} \qquad (2.11)$$

が答えとなります．

2.3.3 小問（2）略解

A (3.1)式より，

$$\oint_\Gamma f(z)dz = \left(\int_{\overline{AB}} + \int_{\overline{BC}} + \int_{\overline{CD}} + \int_{\overline{CA}}\right)f(z)dz$$
$$= -2\pi i e^{a\pi i}$$

となります．

　こういう場合の定番ではありますが，$R, R' \to \infty$ のときの $\int_{\overline{AB}} f(z)dz, \int_{\overline{BC}} f(z)dz, \int_{\overline{CD}} f(z)dz, \int_{\overline{DA}} f(z)dz$ のそれぞれの極限を考察します．

B 明らかに，

$$\lim_{R, R' \to \infty} \int_{\overline{AB}} f(z)dz = I$$

です．また，$0 < a < 1$ を利用すると，$R, R' \to \infty$ のとき，

$$\left|\int_{\overline{BC}} f(z)dz\right| = \left|\int_0^{2\pi} \frac{\exp(a(R+iy))}{1+\exp(R+iy)} i dy\right|$$
$$\leqq \int_0^{2\pi} \frac{e^{aR} dy}{||e^R e^{iy}|-1|} \leqq \frac{2\pi e^{aR}}{|e^R - 1|} \to 0$$

が得られます．

A 同様に，

$$\left|\int_{\overline{DA}} f(z)dz\right| \leqq \frac{2\pi e^{-aR'}}{|1 - e^{-R'}|} \to 0,$$

を得ることができます．更に

$$\int_{\overline{CD}} f(z)dz = \int_R^{-R'} \frac{\exp(ax+2\pi ai)}{1+\exp(x+2\pi i)} dx \to -\exp(2\pi ai)I$$

となりますから，結局
$$I = \frac{2\pi i \exp(a\pi i)}{e^{2a\pi i}-1} = \frac{2\pi i}{e^{a\pi i}-e^{-a\pi i}} = \frac{\pi}{\sin a\pi}$$
が得られます．

T 複素関数論は，微分可能性が級数展開の可能性に繋がるなど，非常に美しくまた奥深い分野です．計算力も重要なので，計算問題に主眼をおいたような本も出版されていますが，興味を持たれた方は，是非理論の奥深さに触れていただければと思います．

column

B 前回は大学での学び方一般についての本の紹介でしたが，数学の学び方についてはいかがでしょうか．

T 個々の講義に関連する本に関しては，講義をご担当の先生に相談するのが一番でしょう．まぁ，本格的に数学を学びたいのであれば，[1], [2], [3] などを図書館で流し読みして，自分に合いそうなものを入手しじっくり読むのが良いと思います．

　また，数学史に目を向けるのも良いと思います．たとえば，[4] などを気分転換がてら読んでもよいでしょう．また，解析に絞ると，[5] [6] [19] などもおもしろいでしょう．

参考文献

[1] 伊原康隆,『志学数学—研究の諸段階・発表の工夫』, シュプリンガー数学クラブ, 2005
[2] 数学セミナー編集部（編）,『数学ガイダンス hyper』, 日本評論社, 2005
[3] 岩波書店編集部（編）『ブックガイド〈数学〉を読む』, 岩波科学ライブラリー 113, 2005
[4] E.T. ベル,『数学をつくった人びと』(1)〜(3), ハヤカワ文庫, 2003
[5] 溝畑茂,『解析学小景』, 岩波書店, 1997
[6] 高木貞治,『近世数学史談』, 岩波文庫, 1995
[7] 東京図書編集部編,『詳解 大学院への数学（改訂新版）』, 東京図書, 1992
[8] 姫野俊一・陳啓浩著,『演習 大学院入試問題 [数学] I（第二版）』, サイエンス社, 1997
[9] 姫野俊一・陳啓浩著,『演習 大学院入試問題 [数学] II（第二版）』, サイエンス社, 1997
[10] 姫野俊一・陳啓浩著,『大学院別入試問題と解法 [数学] I』, サイエンス社, 1998
[11] 姫野俊一・陳啓浩著,『大学院別入試問題と解法 [数学] II』, サイエンス社, 1998
[12] 姫野俊一・陳啓浩著,『解法と演習 工学系大学院入試問題〈数学・物理学〉』, サイエンス社, 2003
[13] 関正治・姫野俊一・陳啓浩著,『解法と演習 大学院入試問題〈情報通信系〉』, サイエンス社, 2004
[14] 森正武・杉原正顯,『複素関数論 I, II』, 岩波講座 応用数学, 1993
[15] 神保道夫,『複素関数入門』, 岩波講座 現代数学への入門, 1995
[16] 藤本担孝,『複素解析』, 岩波講座 現代数学の基礎, 1996
[17] 梶原壤二 著,『改訂増補・新修解析学』, 現代数学社, 2005
[18] http://www.nistep.go.jp/achiev/abs/jpn/po1012j/pdf/po1012aj.pdf
[19] E.Hairer, G.Wanner,『解析教程 上』, シュプリンガー・フェアラーク東京, 1997

第3話

運動方程式を背景に持つ常微分方程式

T 本章から微分方程式を扱っていきます.その第一歩として,線型非斉次二階常微分方程式の求積法から始めます.

A 求積法ですかぁ?

B だいたい,微分方程式の講義が,実際に解くための求積法と,存在定理などの抽象論の二本柱で形成されていたのは,はるか昔のことで,最近では実際に微分方程式を手で解くことはほとんど無いのではないでしょうか? 畑村洋太郎先生がベストセラーとなった [1]※1 で言われるような「本当に使う微分方程式は $y' = ky$ だけだ」というのは極論だとしても….

T それはそうなのですが,工学研究科などの大学院問題を見ていくと,今でも求積法の問題が出題されていないわけですし.

※1 ベストセラーとなったこの本ですが,数学的な内容はともかく,畑村先生が教わった数学の教師たちは,そうとうひどい教師だったのでは無いだろうか?と言う意味で筆者も非常に反省させられました.

一つには，梶原壌二先生が [2] で喝破されたように，微分方程式を解くことが微積分のドリルになるという側面もあり，また，コンピュータに解かせるにせよ，微分方程式の立式やその性質に関する知見は必要だと言うこともいえます．

3.1　一つ目のお題（力学を起源にもつ微分方程式）

T　戸川隼人先生が [3] などで強調されていることの受け売りでもありますが，物理的な意味付けからしても「わかった感」につながると判断されるので，線型定数係数非斉次常二階微分方程式から入りましょう．

　まずは，「線型」「非斉次」の意味を復唱してください．ついでに「定数係数」も．

B　未知関数自身と未知関数の各階導関数 $y, y', y'', \cdots, y^{(n)}$ の，係数が未知関数を含まない一次式 $y^{(n)}+P_{n-1}(x)\,y^{(n-1)}+\cdots+p_1(x)\,y+P_0(x)=Q(x)$ の形で書ける常微分方程式を n 階線型常微分方程式と呼びます．さらに，右辺 $Q(x)$ が恒等的な零でない場合を「非斉次」と呼び，右辺 $Q(x)$ を恒等的に零とした方程式を「対応する斉次方程式」と呼びその解を余関数と呼びます．「斉次」（homogeneous）は「同次」と訳すこともあります．さらに，係数関数 $P_i(x)$ が定数の場合，「定数係数」と呼びます．

　さらに，y_1, y_2 が線型斉次常微分方程式の解なら，$y_i\,(i=1,2)$ のスカラー倍も，和も解となる，という意味で線型斉次常微分方程式の解は線型性を満たします．

　付言すると，y が線型非斉次常微分方程式の解なら，y に

対応する斉次方程式の解を加えた関数も解となります．この時，y を特殊解と呼びます．

$\dfrac{d^2x}{dt^2} - 2\dfrac{dx}{dt} + 5x = e^t \cos 2t$ を解け．

東京工業大学大学院（改題）

3.1.1 略解

A いきなり二階の方程式ですか？

B まぁ，線型で定数係数だから定石に従いましょう．

A まず，左辺を零とした斉次方程式 $\dfrac{d^2x}{dt^2} - 2\dfrac{dx}{dt} + 5x = 0$ を解いて余関数を求めます．そのために特性方程式，つまり微分記号 $\dfrac{d}{dt}$ を λ で置き換えた方程式 $\lambda^2 - 2\lambda + 5 = 0$ を解きます．

T 微分を λ で置き換える意味は何ですか？

B 一般に n 階，線型，同次，定数係数の微分方程式 $a_n y^{(n)} + a_{n-1} y^{(n-1)} + \cdots + a_1 y + a_0 = 0$ を考えるとき，うまく各項が消しあう意味を踏まえると，基本解が指数関数 $\exp(\lambda x)$ の形をしていることは容易にわかります．ですから，$\exp(\lambda x)$ のかわりに x を代入して得られる「λ が満たすべき n 次代数方程式」の根を $\lambda_1, \lambda_2, \cdots, \lambda_n$ とすると，$\exp(\lambda_1 x), \exp(\lambda_2 x), \cdots, \exp(\lambda_n x)$ の線型結合が $a_n y^{(n)} + a_{n-1} y^{(n-1)} + \cdots + a_1 y + a_0 = 0$ の解となるわけです．λ_k が重複度 j の重根なら，$x, x^2, \cdots, x^{j-1}$ を $\exp \lambda_k t$ にかけた関数も基本解になります．

A $\lambda^2 - 2\lambda + 5 = 0$ の解は $\lambda = 1 \pm 2i$ ですから斉次方程式の線型独立の解は $\exp((1+2i)t)$ と $\exp((1-2i)t)$ となります．これ

が余関数です.

T 元の方程式が実数の世界ですから,複素数を使わずに表現したいですね.

B Euler の公式 (1.1) を使うと, $e^t \cos 2t$ と $e^t \sin 2t$ が余関数となることがわかります.

A 次に特殊解を求めます.非斉次項が「t の多項式 $\times e^{\alpha t} \times \sin \beta t$, $\cos \beta t$ の多項式」の形をしていますから,未定係数法を試します.

B ついでなので,少し一般的な形で未定係数法を復習します.未定係数法は特殊解の形を予測し,代入して係数を決める方法です.

まず右辺が多項式の場合を扱います.$ay'' + by' + cy = a_0 + a_1 t + \cdots + a_n t^n$ の一つの解が $A_0 + A_1 t + \cdots + A_n t^n$ の形をしていると仮定して代入し,係数比較を行うと,$c \neq 0$ のときはうまく一つの解を決めることが出来ます.

B $c = 0, b \neq 0$ のときは,$n+1$ 次多項式 $A_0 + A_1 t + \cdots + A_n t^n + A_{n+1} t^{n+1}$, $c = 0, b = 0$ のときは,$n+2$ 次多項式 $A_0 + A_1 t + \cdots + A_n t^n + A_{n+1} t^{n+1} + A_{n+2} t^{n+2}$ を代入すればうまくいきます.

A 次に右辺に $e^{\alpha t}$ がかわった $ay'' + by' + cy = (a_0 + a_1 t + \cdots + a_n t^n)$ の場合です.まず $ay'' + by' + cy = (a_0 + a_1 t + \cdots + a_n t^n)e^{\alpha t}$ の一つの解が $(A_0 + A_1 t + \cdots + A_a t^n)e^{\alpha t}$ の形をしていると仮定して代入し,係数比較を行うと,$e^{\alpha t}$ が斉次方程式の解ではないときはうまく一つの解を決めることが出来ます.

B $e^{\alpha t}$ が斉次方程式の解で $te^{\alpha t}$ が斉次方程式の解ではない場合は,$t(A_0 + A_1 t + \cdots + A_n t^n)e^{\alpha t}$, $e^{\alpha t}$ も $te^{\alpha t}$ も斉次方程式の解

の場合は，$t^2(A_0+A_1t+\cdots+A_nt^n)e^{at}$ を代入すればうまくいきます．この考え方は，$y=e^{at}v$ と変換して非斉次項が多項式の場合に帰着させることで得られます[※2]．

A さて，$ay''+by'+cy=(a_0+a_1t+\cdots+a_nt^n)\cos(\omega t)$ と $ay''+by'+cy=(a_0+a_1t+\cdots+a_nt^n)\sin(\omega t)$ の場合です．

B この二つは，$ay''+by'+cy=(a_0+a_1t+\cdots+a_nt^n)e^{\omega t}$ の実部，虚部だということを利用して，さっきの場合に帰着できます．

A 元の方程式に戻ると，非斉次項が「$e^t\cos 2t$」という形ですが，これは $\exp((1+2i)t)$ の実数部分ですから，元の方程式の特殊解は，$\dfrac{d^2x}{dt^2}-2\dfrac{dx}{dt}+5x=\exp((1+2i)t)$ の特殊解の実部です．$x(t)=\exp((1+2i)t)$ を $\dfrac{d^2x}{dt^2}-2\dfrac{dx}{dt}+5x$ に代入すると零になりますが，$x(t)=t\exp((1+2i)t)$ を $\dfrac{d^2x}{dt^2}-2\dfrac{dx}{dt}+5x$ に代入しても零になりませんから，$t(A_0+A_1t)\exp((1+2i)t)$ が特解を与えるはずです．代入して係数を整理してやると…．

B 当面，$\lambda=1+2i$ と置いて最後に複素数の計算をしましょう．

A では，$x(t)=t(A_0+A_1t)\exp(\lambda t)$ を $x''-2x'+5x$ に代入して計算し，$\lambda^2-2\lambda+5=0$ を使って整理すると，

[※2] e^{at} の前の多項式の次数が 2 以上のとき，言い換えると，A_n の $n>2$ のどれかの項が非零の場合は，$y=e^{at}v$ と変換した方が早いとされています．

$$\exp(\lambda t)[(2A_1+2A_0\lambda-2A_0)$$
$$+(4A_1\lambda-4A_1+A_0\lambda^2-2A_0\lambda+5A_0)t$$
$$+(A_1\lambda^2-2A_1\lambda+5A_1)t^2]$$
$$=\exp(\lambda t)[(2A_1+2A_0\lambda-2A_0)+(4A_1\lambda-4A_1)t]$$

となります．これが $\exp(\lambda t)$ と一致することより，$2(A_1+2A_0\lambda-A_0)=1$，$4A_1\lambda-4A_1=0$ となります．これを A_0, A_1 の連立方程式として解くと，$A_1=0$，$A_0=\dfrac{1}{2(\lambda-1)}$

$=\dfrac{1}{2(1+2i-1)}=\dfrac{1}{4i}=-\dfrac{i}{4}$ となります．$\dfrac{d^2x}{dt^2}-2\dfrac{dx}{dt}+5x$

$=\exp((1+2i)t)$ の特殊解は

$$-\dfrac{i}{4}\exp((1+2i)t)=-\dfrac{i}{4}te^te^{2it}$$
$$=-\dfrac{i}{4}te^t(\cos 2t+i\sin 2t)=\dfrac{te^t}{4}\sin 2t-i\dfrac{te^t}{4}\cos 2t$$

ですから，もとの方程式の特殊解はこの実部の $\dfrac{1}{4}te^t\sin 2t$ となります．結局，もとの方程式の一般解は

$$x=\dfrac{1}{4}te^t\sin 2t+C_1e^t\cos 2t+C_2e^t\sin 2t$$

となります．

3.1.2 一つ目のお題の物理的意味

T この様な線型定数係数非斉次二階微分方程式が物理的な意味付けからして重要視されている理由ですが，一次元，すなわち直線上での運動のモデル方程式に直結するところにあります．今，一次元的に運動する点の時刻 t における位置を $x(t)$ で表すとします．すると，$\dfrac{d}{dt}x, \dfrac{d^2}{dt^2}x$ はそれぞれ速度と加

速度を表すことになります．力を F，質量を m としたときの運動方程式が $F = m\dfrac{d^2}{dt^2}x$ ですから，線型定数係数非斉次二階微分方程式 $\dfrac{d^2}{dt^2}x + \alpha \dfrac{d}{dt}x + \beta = f(t)$ は一次元的に運動している物体にかかる力[※3]が時刻と速度の関数で，しかも速度の寄与は線型である場合のモデル方程式と解釈できるわけです．このような一番単純なモデルくらいは手で扱えるようになっているかどうかを見ようとするのは，応用という立場からすると当然のことと言えますし，そこまで行って初めて「わかった感」につながるでしょう．もっとも，この問題に関しては $e^t \cos 2t$ という項は，時間とともに発散しますので，何かのモデルが裏にあるというより，この位の計算は手でできるかを見ている問題だと思われます．

3.2 二つ目のお題（相平面図による図示）

T 点の動きへの視点が裏にある問題をもう一問やって見ましょう．次の問題を解いてください．

[※3] 二階微分の項は加速度とも解釈できますが応用上は力をモデル化することの方が多いです．

第1部 解析学諸分野への入口回遊

微分方程式
$$\ddot{x}+x+\mathrm{sgn}(\dot{x})=0$$
の解を $x(t)$ とする $(0\leq t<\infty)$．ここで，$\dot{x}=\dfrac{dx}{dt}$, $\ddot{x}=\dfrac{d^2x}{dt^2}$ である．また
$$\mathrm{sgn}(x)=\begin{cases}1 & (x>0)\\ -1 & (x<0)\end{cases}$$
で $\mathrm{sgn}(0)$ は -1 から 1 の間の任意の値をとり得るものとする．$x(0)=4$, $\dot{x}(0)=0$ の初期条件のもとで $x(t)$ を求め図示せよ．

東京大学大学院（改題）

3.2.1 略解

A $\mathrm{sgn}(\dot{x})$ の扱いが面倒ですね．特に初期状態で $\dot{x}=0$ だから，$\mathrm{sgn}(\dot{x})$ がどうなるかは…．

B まず相平面図を描いて考えよう．

A 横軸を x，縦軸を $\dot{x}$ とした平面が木目平面，そこに描いた図が相平面図です．
$$\frac{d}{dt}\begin{pmatrix}x\\ \dot{x}\end{pmatrix}=\begin{pmatrix}\dot{x}\\ -x-\mathrm{sgn}(\dot{x})\end{pmatrix}$$
ですから，横軸（x 軸）より上では x は増加，横軸より下では x は減少となります．$\dot{x}$ の増減ですが，$\mathrm{sgn}(\dot{x})$ の項があるので，$\dot{x}$ の符号，言い換えると横軸の上下に場合分けして考えます．まず，$\dot{x}>0$，つまり横軸より上においては，$\dfrac{d}{dt}\dot{x}=-x-1$ ですから，$x<-1$ で $\dot{x}$ は減少，$x>-1$ で $\dot{x}$ は増加となります．同様に，横軸より下では $x>1$ で $\dot{x}$ は減少，$x<1$ で $\dot{x}$ は増加となります．略図を描くと，図3.1の

様になります．

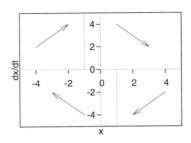

図 3.1　第二のお題の相平面図

初期条件の $x(0)=4$, $\dot{x}(0)=0$ に対応する点を図 3.1 で見ると，横軸をよぎって下へ移動しているところですから，$\dot{x}$ はすぐ負になり，$\mathrm{sgn}(\dot{x})=-1$ となることが予想できます．

B 実際，$-1\leqq \mathrm{sgn}(t)\leqq 1$ であることを踏まえると，初期状態が $x(0)=4$, $\dot{x}(0)=0$ ということより，$\ddot{x}+x+\mathrm{sgn}(\dot{x})=0$ から，初期の $\ddot{x}<0$ が言え，$t=0$ から正の方向に計算したとき，十分小さな t に対しては，$\dot{x}<0$ が導かれます．更に，$t=0$ という初期状態から出発して $\dot{x}<0$ が成立し続ける限り，与えられた微分方程式は $\ddot{x}+x-1=0$ であることは明らかです．

A §3.1 と同様の計算により，一般解は $x(t)=C_1\cos t+C_2\sin t+1$ となり，初期条件を代入して係数を決定すると $x(t)=3\cos t+1$ となります．

明らかに，$t=0$ から出発して初めて $\dot{x}=0$ となるのは $t=\pi$ で，このとき，$x(\pi)=-2$ です．$t=\pi$, $x(\pi)=-2$, $\dot{x}(\pi)=0$ を初期条件として，先ほどの $t=0$ と同様の議論を行うと，t が π を超えたところでは，$\dot{x}>0$ となり，方程

式は $\ddot{x}+x+1=0$ となります．$t=\pi$ の点で，$x(\pi)=-2$，$\dot{x}=0$ を初期条件とするわけなので，先ほどと同様の議論により，$x(t)=\cos(t)-1$ $(\pi<t<2\pi)$ となります．

更に $x(2\pi)=0$，$\dot{x}(2\pi)=0$ となりますから，$t>2\pi$ では $x(t)\equiv 0$ となります．まとめると，

$$x(t)=\begin{cases} 3\cos t+1 & (0<t<\pi) \\ \cos(t)-1 & (\pi<t<2\pi) \\ 0 & (2\pi<t) \end{cases}$$

となります．三角関数をつなぎ合わせたグラフですから，x と t の関係は図 3.2 の様になります．

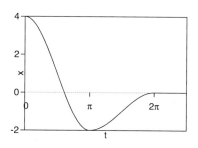

図 3.2 二つ目のお題の解

3.2.2 第二のお題の物理的意味

この問題の意味を考えると，位置に比例した大きさの平衡点の方向への力がかかる普通の振動の方程式に，速度に対して逆方向の，言い換えると振動を押さえ込もうとする力も加味した方程式と言うことができます．ですから，振幅が小さくなることも，中心が $x=0$ からずれた振動が，$\dot{x}$ の符号がかわるところでつながっていることも意味から考えると自然なことです．

この様な二階の常微分方程式の解を理解するのに，単に時間と

位置のグラフを描くだけでなく，図 3.3 の様に $(x, \dot{x})$ 平面，すなわち位置と速度を表わす相平面図も描くことが全体を理解することにつながります．

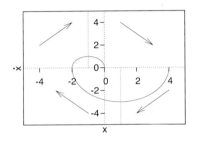

図 3.3　第二の御題の解の相平面上の軌跡

T [1] がベストセラーになった時期だったので，くどすぎるのではないだろうかとも思いながら書いていた章でした．なお，1 階の求積法については，次章で扱います．

column

A 大学院の入試問題を扱っているんだから，少しは受験対策的なことも書いた方がいいんでしょうかねぇ．

B でも，大学院の入試対策なら，まずどの先生につくかを考え，その先生のところに挨拶に行くと同時に過去問を入手して傾向を掴むのが王道でしょう．本書の読者にはいないと思いますが，問題を見比べて「問題が解けるという意味で入りやすい」という視点だけで研究室・専攻・研究科を選ぶのはいかがなものかと思います．

T 他大学の大学院への進学に際しての具体的な手順については，梶原先生の [7] の前書きの後に「目標の設定と接触」と題して「くどい説明」だとご本人が書かれるくらい懇切丁寧に書かれている指針があります．インターネットが普及する前の文章ですが，改訂版も出ましたので大学図書館等で見ることができる人は一度見られてもいいかもしれません．

参考文献

[1] 畑村洋太郎,『直観でわかる数学』, 岩波書店, 2004.
[2] 梶原壤二,『微分方程式をめぐって』,（Basic 数学別冊「大学新入生のための数学レクチャーブック」, 1988）所収
[3] 戸川隼人,『微分方程式即戦力』, Basic 数学, 1994/02
[4] M. Braun（一楽重雄他訳）,『微分方程式 その数学と応用 上』, シュプリンガー・フェアラーク東京, 2001
[5] 俣野博,『微分方程式 I』, 岩波講座 応用数学, 1993
[6] 千葉逸人,『これならわかる工学部で学ぶ数学（改訂増補版）』, プレアデス出版（現代数学社発売）, 2004
[7] 梶原壤二,『大学院入試問題解説—理学・工学への数学の応用』, 現代数学社, 1991
[8] 東京図書編集部編,『詳解大学院への数学（改訂新版）』, 東京図書, 1992
[9] 姫野俊一・陳啓浩著,『演習 大学院入試問題 [数学] I（第二版）』, サイエンス社, 1997
[10] 姫野俊一・陳啓浩著,『解法と演習 大学院入試問題〈数学・物理学〉』, サイエンス社, 2003
[11] E.Hairer, G.Wanner,『解析教程 上』, シュプリンガー・フェアラーク東京, 1997

第 4 話

直接扱える常微分方程式

T 本章も常微分方程式の求積法です．もちろん，昔のように色々な求積法に通じていることの重要性が，数式処理システム等の発達により重要性が減ってきていることは事実でしょう．しかし，「わかった感」のためには，手を動かして計算するのも効果的ですし，その辺の経験を見る大学院入試問題も出題されているようですから，それを見てみましょう．

4.1 一つ目のお題（ベルヌーイの微分方程式）

$$y' + p(x)y = q(x)y^n \quad (n \neq 0, 1) \tag{4.1}$$

をベルヌーイ（Bernoulli）の微分方程式と呼ぶ．

(1) $z = y^{1-n}$ とおくことによって，①は線型微分方程式
$$z' + (1-n)p(x)z = (1-n)q(x) \tag{4.2}$$
に変換されることを示せ．

(2) $$(x^2 + a^2)y' + xy = bxy^2 \tag{4.3}$$
を線型微分方程式に変換せよ．

(3) (2)で求めた線型微分方程式の斉次線型微分方程式を解け．

(4) ③の解を求めよ．

東京大学大学院（改題）

4.1.1 小問(1)の方針

A 誘導問題になっているので指示に従って代入していきましょう．$z = y^{1-n}$ とすると，$\dfrac{dz}{dx} = (1-n)y^{-n}\dfrac{dy}{dx}$ ですから，$\dfrac{dy}{dx} = \dfrac{y^n}{1-n}\dfrac{dz}{dx}$ となり，(4.1)に代入すれば，

$$\frac{y^n}{1-n}\frac{dz}{dx} + p(x)y = q(x)y^n$$

となります．両辺を $\dfrac{1-n}{y^n}$ をかけることによって (4.2) を得ることができます．

4.1.2 小問 (2) の方針

B　(4.3) をよく見ると，両辺を (x^2+a^2) で割れば

$$y' + \frac{x}{(x^2+a^2)}y = \frac{bx}{(x^2+a^2)}y^2$$

となって $n=2$ の (4.1) の形になりますね．

A　すると，$z = y^{1-2} = y^{-1}$ とすれば，

$$z' - \frac{x}{(x^2+a^2)}z = -\frac{bx}{(x^2+a^2)} \tag{4.4}$$

となります．

4.1.3 小問 (3) の方針

A　先の小問 (2) で求めた

$$z' - \frac{x}{(x^2+a^2)}z = -\frac{bx}{(x^2+a^2)}$$

に対応する斉次線型微分方程式は

$$\frac{dz}{dx} - \frac{x}{(x^2+a^2)}z = 0$$

ですが，これは変数分離形[※1]ですから，

$$\frac{dz}{z} = \frac{x}{(x^2+a^2)}dx$$

を積分すればよいわけで，

$$\log z = \int \frac{x}{(x^2+a^2)}dx + c_1 = \frac{1}{2}\log(x^2+a^2) + c_1$$

[※1]　$\dfrac{dy}{dx} = f(x)g(y)$ という形の常微分方程式を**変数分離形**と言い，$\dfrac{dy}{g(y)} = f(x)dx$ の形に変形して両辺を積分する求積法が適用できるのでした．

となりますから，両辺の指数をとって
$$z = \exp\left\{\frac{1}{2}\log((x^2+a^2)+c_1)\right\} = c\sqrt{x^2+a^2}$$
が求めるものです．ここで c, c_1 は積分定数です．

4.1.4　小問 (4) の方針

A　方程式は線型非斉次で余関数も求まっていますから，定数変化法[※2]を使います．$z = c(x)\sqrt{x^2+a^2}$ とおきます．すると
$$z'(x) = c'(x)\sqrt{x^2+a^2} + 2x\frac{c(x)}{2\sqrt{x^2+a^2}}$$
ですから，これを (4.4) に代入して整理すると
$$c'(x) = \frac{-bx}{(x^2+a^2)^{3/2}}$$
となりますから，積分することにより，
$$c(x) = \int\frac{-bx}{(x^2+a^2)^{3/2}}dx = b(x^2+a^2)^{-1/2} + c_3$$
となりますから，
$$\begin{aligned}z(x) &= c(x)\sqrt{x^2+a^2}\\ &= (b(x^2+a^2)^{-1/2} + c_3)\sqrt{x^2+a^2}\\ &= b + c_3 b(x^2+a^2)^{-1/2}\end{aligned}$$

となりますから，
$$y(x) = z(x)^{-1} = \frac{1}{b + c_3 b(x^2+a^2)^{-1/2}}$$
となります．

[※2]　斉次方程式の一般解に現れる任意定数を未知関数として見立てて非斉次方程式の解を求める手法を**定数変化法**と言うのでした．

4.2 二つ目のお題（クレーローの方程式）

T 次も求積法を土台とした問題です．

$y = px + f(p)$ ただし，$p = \dfrac{dy}{dx}$ なる微分方程式を考える．

(1) $f(p) = p$ とする．一般解を求めよ．

(2) $f(p) = \sqrt{1+p^2}$ とする．微分方程式の両辺を x で微分することにより一般解と特異解を求めよ．一般解を求めよ．

九州大学大学院（改題）

4.2.1 小問 (1) の方針

A 指示があるので問題文の通りに進めましょう．

$f(p) = p$ なら，与えられた微分方程式は $y = px + p$ を経て，$y = \dfrac{dy}{dx}x + \dfrac{dy}{dx}$ となります．$y = \dfrac{dy}{dx}(x+1)$ と変形すると変数分離形になりますから，更に変形して $\dfrac{dy}{y} = \dfrac{dx}{(x+1)}$ となりこれを積分して $\displaystyle\int \dfrac{dy}{y} = \int \dfrac{dx}{(x+1)} + C$ を得て，$\log|y| = \log|x+1| + C$ を経て $y = C(x+1)$ となります．

4.2.2 小問 (2) の方針

B これも，問題文の通りに進めましょう．

A $f(p) = \sqrt{1+p^2}$ のとき，もとの方程式は

$$y = px + \sqrt{1+p^2} \tag{4.5}$$

です．①の両辺を指示どおり微分すると，

$$p = x\frac{dp}{dx} + p + \frac{p}{\sqrt{1+p^2}}\frac{dp}{dx} \tag{4.6}$$

となりますから，これを整理すると

$$\left(x + \frac{p}{\sqrt{1+p^2}}\right)\frac{dp}{dx} = 0 \tag{4.7}$$

を得ます．よって，

$$\frac{dp}{dx} = 0 \tag{4.8}$$

$$\left(x + \frac{p}{\sqrt{1+p^2}}\right) = 0 \tag{4.9}$$

のどちらかが成立します．

(4.8) の場合をまず扱います．この場合 p は任意定数 C を使って $p = C$ と書けます．これは，$\frac{dy}{dx} = C$ のことですから，更に積分することにより，$y = C_0 + C_1 x$ が一般解として得られます．

T ちょっと待って！ そうすると $C_0 = 0$, $C_1 = 1$ のとき，つまり $y = x$ は解ですか？

A え？ $y = x$ なら $p = 1$ だから (4.5) に代入すると，$y = px + \sqrt{1+p^2} = x + \sqrt{2}$ … あれ？

B (4.8) はあくまで必要条件ということですね．では，(4.8) から得られた $p = C$ を (4.5) に代入して解を求めましょう．代入して整理すると

$$y = Cx + \sqrt{1+C^2}$$

と言う一般解を得ます．

T 代入して解を確認する検算の重要性ですね．ついでに言うと，$y = Cx + \sqrt{1+C^2}$ は単位円に上半平面で接する傾き C の直線となっています．興味のある人は確かめてみてください．

A 次に (4.9) の場合を扱います．(4.9) を p について解くと，$p = \pm\dfrac{x}{\sqrt{1+x^2}}$ と書けます．これを (4.5) に代入します．まず，$p = \dfrac{x}{\sqrt{1+x^2}}$ の場合ですが，

$$y = px + \sqrt{1+p^2} = x\frac{x}{\sqrt{1+x^2}} + \sqrt{\frac{1}{1-x^2}} = \frac{1+x^2}{\sqrt{1-x^2}}$$

となりますが，これでは $p = \dfrac{x}{\sqrt{1+x^2}}$ に戻りません．

次に $p = -\dfrac{x}{\sqrt{1+x^2}}$ とすると，

$$y = px + \sqrt{1+p^2} = -x\frac{x}{\sqrt{1+x^2}} + \sqrt{\frac{1}{1-x^2}} = \sqrt{1-x^2}$$

となります．このときは $p = \dfrac{dy}{dx} = -\dfrac{x}{\sqrt{1+x^2}}$ となり題意を満たすので特異解となります．

T グラフを描くとどのようになりますか？

A 特異解 $y = \sqrt{1-x^2}$ は単位円の上半分ですし，$y = Cx + \sqrt{1+C^2}$ は単位円に上半平面で接する直線群ですから，図 4.1 のようになります．

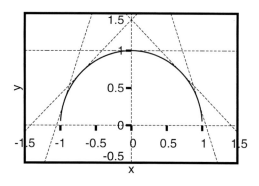

図 4.1 二番目のお題の特異解と一般解

T 図からもわかるように，特異解は一般解の包絡線[※3]になります．包絡線が出てきていることから分かるように，この方程式は一意性が成立しておらず，

$$y = \begin{cases} x + \sqrt{2} & (x \leqq \sqrt{2}/2) \\ \sqrt{1-x^2} & (-\sqrt{2}/2 < x < \sqrt{2}/2) \\ -x + \sqrt{2} & (\sqrt{2}/2 \leqq x) \end{cases}$$

のように，繋いだ関数も解となります．

問題文中では明言されていませんが，$y = px + f(p)$，$p = dy/dx$ の形の方程式をクレーロー (Claraut) 型方程式といいます．クレーロー型は，簡単な求積法で求められる非線形の方程式としても有名ですし，一般解の抱絡線が特殊解になるという意味でも教育的ですから，微分方程式の講義の題材としてよく取り上げられます．

第一のお題も第二のお題も，ベルヌーイ型やクレーロー型といった微分方程式論で扱われる題目を手を動かして計算した経

[※3] 与えられた曲線群の全ての曲線と接する曲線を元の曲線群の**包絡線**といいます．

験があるかどうかを見ているのではないかと思われますし，そのような経験が「わかった感」につながるのだとも思います．

4.3 三つ目のお題（安定性解析の入口）

T さて，求積法に頼らない方向への入口を垣間見ることができる問題で今回を締めたいと思います．

---

t を時間とし，次の方程式に従って xy 平面上を運動する点 P がある．
$$\frac{dx}{dt} = x - xy, \quad \frac{dy}{dt} = -y + xy$$
(1) 時間が経過しても，P がそのまま静止し続けるような位置（平衡点）を求めよ．
(2) (1) の平衡点からわずかにはずれたときの P の運動を，微小変位に関する線型近似を用いて調べよ．
(3) P の軌跡を表す x と y の関係式を述べよ．

東京大学大学院（改題）

4.3.1 小問 (1) の方針

A 時間が経過しても P が静止し続けるのですから，$\frac{d}{dt}x = \frac{d}{dt}y = 0$ でなければなりません．ですから，$x - xy = 0$，$-y + xy = 0$ が必要となります．それぞれを因数分解すると，$x(1-y) = 0$，$y(-1+x) = 0$ となり，$(x, y) = (0, 0)$ と $(x, y) = (1, 1)$ が平衡点となります．

4.3.2 小問 (2) の方針

A 指示通り進めるためにまず線形近似した方程式を求めます．
与えられた微分方程式を $\frac{d}{dt}x(t) = f(x(t))$ と書くと，

$$f = \begin{pmatrix} x - xy \\ -y + xy \end{pmatrix}$$

ですから，微分行列，すなわち線形化した行列は

$$\begin{pmatrix} \frac{\partial}{\partial x}(x-xy) & \frac{\partial}{\partial y}(x-xy) \\ \frac{\partial}{\partial x}(-y+xy) & \frac{\partial}{\partial y}(-y+xy) \end{pmatrix} = \begin{pmatrix} 1-y & -x \\ y & -1+x \end{pmatrix}$$

となります．

まず平衡点 $(0, 0)$ の近くでの運動を考えます．平衡点に十分近いと考え，f のテイラー展開の 2 次以上の項を無視した形で近似します．平衡点 $(0, 0)$ での微分行列は，$\begin{pmatrix} 1 & 0 \\ 0 & -1 \end{pmatrix}$ となりますから，平衡点 $(0, 0)$ の近くでは，元の方程式 $\frac{d}{dt}x(t) = f(x(t))$ は $\frac{d}{dt}x = \begin{pmatrix} 1 & 0 \\ 0 & -1 \end{pmatrix}\begin{pmatrix} x(t) \\ y(t) \end{pmatrix}$ で近似できることになります．この式を良く見ると，x と y は独立な方程式 $\frac{d}{dt}x = x$, $\frac{d}{dt}y = -y$ に分けることができ，$x(t) = e^t + C_1$, $y(t) = -e^t + C_2$ となり $x(t)$ は指数的に増大，$y(t)$ は指数的に減少することになります．xy 平面上の動きと考えると，X 軸には指数的に近づき，Y 軸からは指数的に遠ざかる動きをすることが分かります．

次に平衡点 $(1, 1)$ の近くでの運動を考えます．平衡点 $(1, 1)$ での微分行列は，$\begin{pmatrix} 0 & -1 \\ 1 & 0 \end{pmatrix}$ となりますから，平衡

点 (1, 1) の近くでは，元の方程式 $\frac{d}{dt}\boldsymbol{x}(t)=\boldsymbol{f}(\boldsymbol{x}(t))$ は $\frac{d}{dt}\boldsymbol{x}(t)=\begin{pmatrix}0 & -1 \\ 1 & 0\end{pmatrix}\begin{pmatrix}x(t)-1 \\ y(t)-1\end{pmatrix}$ で近似できることになります．この式は，速度ベクトルが平衡点 (1, 1) からの方向ベクトルを反時計回りに直角に回転させたものであることを表しています．ですから，もとの方程式の平衡点 (1, 1) の近くでの運動は反時計回りに回転することになります．

4.3.3 小問 (3) の方針

B 軌跡を求めるので t を消去する方針で進めましょう．

A $\frac{dx}{dt}=x-xy,\ \frac{dy}{dt}=-y+xy$ の辺々を割ることにより，

$\frac{dy}{dx}=\frac{-y+xy}{x-xy}$ が得られます．これを変数分離形にするために更に変形すると

$$\frac{dy}{dx}=\frac{-y(1-x)}{x(1-y)}=\frac{-y}{1-y}\frac{1-x}{x}$$

となります．

$$\frac{1-x}{x}dx=\frac{1-y}{y}dy$$

の形にしてから，両辺を簡略化し，

$$\left(\frac{1}{x}-1\right)dx=\left(-\frac{1}{y}+1\right)dy$$

を積分すると $\log x - x = -\log y + x + c_1$ となりますから，求める関係式は

$$\log x - x + \log y - y = c_1$$

です．

4.3.4 追記

T この様な問題は xy 平面上の軌跡を描くことが全体を理解することにつながります．実際に描くと図 4.2 の様になります．

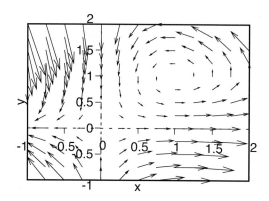

図 4.2　第三のお題の解の xy 平面上の軌跡

さて，このように R^n の上の関数
$$f = \begin{pmatrix} f_1(x_1, x_2, \cdots, x_n) \\ \vdots \\ f_n(x_1, x_2, \cdots, x_n) \end{pmatrix}$$
にで記述される微分方程式 $\dfrac{d}{dt}\bm{x} = \bm{f}(\bm{x}(t))$ の平衡点での $\bm{f}$ の微分行列
$$\begin{pmatrix} \dfrac{\partial f_1}{\partial x_1} & \cdots & \dfrac{\partial f_1}{\partial x_n} \\ \vdots & & \vdots \\ \dfrac{\partial f_n}{\partial x_1} & \cdots & \dfrac{\partial f_n}{\partial x_n} \end{pmatrix}$$
を係数行列とする定数係数線型常微分方程式を考えると，固有値の実部の最大値が負であればその平衡点の近傍の解は指数的に平衡点に収束し，固有値の実部の最大値が正であれば平

衡点から指数的に離れていくことが推測されます．

　実際，この推測はきちんと証明することができますから，平衡点に対して，線型近似行列の固有値の実部の最大値を計算してやることにより，「安定性」すなわち，その平衡点が微妙なズレに強いかということの確認を行うことができます．詳細はたとえば，[4], [5] などを見てください．

参考文献
[1] 東京図書編集部編,『詳解 大学院への数学（改訂新版）』，東京図書, 1992
[2] 姫野俊一・陳啓浩著,『演習 大学院入試問題 [数学] I（第二版）』，サイエンス社, 1997
[3] 姫野俊一・陳啓浩著,『解法と演習 工学系大学院入試問題〈数学・物理学〉』，サイエンス社, 2003
[4] M. Braun（一楽重雄他訳),『微分方程式 その数学と応用 上』，シュプリンガー・フェアラーク東京, 2001
[5] 俣野博,『微分方程式 I』，岩波講座 応用数学, 1993
[6] E.Hairer, G.Wanner,『解析教程 上』，シュプリンガー・フェアラーク東京, 1997

第5話

連立常微分方程系と線形代数

今回は，連立常微分方程式系線型代数の関係を扱います．ではまず次の問題を解いてみてください．

5.1 一つ目のお題（行列の指数関数）

A を n 次正方行列として，次の微分方程式を考える．
$$\frac{d\boldsymbol{x}}{dt} = A\boldsymbol{x}$$
ただし，$\boldsymbol{x}$ は n 次元ベクトルであり，初期値を $\boldsymbol{x}(0) = \boldsymbol{a}$ とおく．また，行列 M の指数関数を次のように定義する．
$$\exp M = \sum_{k=0}^{\infty} \frac{1}{k!} M^k$$

(1) 上の微分方程式の解は，$\boldsymbol{x}(t) = (\exp tA)\boldsymbol{a}$ として与えられることを示せ．

(2) $A = aE$ のとき，$\exp tA = e^{ta}E$ を示せ．ただし，a は正定数であり，E は n 次単位行列である．

(3) $A = \begin{bmatrix} 0 & 1 \\ -1 & 0 \end{bmatrix}$ のとき，$\exp tA = \begin{bmatrix} \cos t & \sin t \\ -\sin t & \cos t \end{bmatrix}$ を示せ．

(4) $A = \begin{bmatrix} \lambda & 0 \\ 0 & \mu \end{bmatrix}$ のとき，$\boldsymbol{x}$ の原点 $(0,0)$ の周りの軌道軸の様子を図で示せ，ここで $\lambda > 0 > \mu$ とする． **東北大大学院（改題）**

5.1.1 小問 (1) の略解

A 単独の微分方程式 $\dfrac{d\boldsymbol{y}}{dt} = a\boldsymbol{y}$ の解が $y(t) = e^{ta}$ と指数関数で書けることを踏まえた拡張として，行列の指数関数をマクローリン (Maclaurin) 展開で定義したんですね．

　確認するために $x(t) = (\exp tA)\boldsymbol{a}$ を微分してみましょうか．しかし，A^k の各項を具体的に計算するのは面倒だなぁ．

B 具体的な表現が必要なら後から計算することにして，行列の形で先に進んでみたら？

A では，

$$\begin{aligned}
\dfrac{d}{dt}\boldsymbol{x}(t) &= \dfrac{d}{dt}(\exp tA)\boldsymbol{a} = \dfrac{d}{dt}\left(\sum_{k=0}^{\infty} \dfrac{t^k}{k!}M^k\right)\boldsymbol{a} \\
&= \dfrac{d}{dt}\left(R + \dfrac{t^1}{1!}M^1 + \dfrac{t^2}{2!}M^2 + \dfrac{t^3}{3!}M^3 + \dfrac{t^4}{4!}M^4 + \cdots\right)\boldsymbol{a} \\
&= \left(\dfrac{t^0}{1!}M^1 + \dfrac{t^1}{1!}M^2 + \dfrac{t^2}{2!}M^3 + \dfrac{t^3}{3!}M^4 + \cdots\right)\boldsymbol{a} \\
&= M\left(\dfrac{t^0}{1!}M^0 + \dfrac{t^1}{1!}M^1 + \dfrac{t^2}{2!}M^2 + \dfrac{t^3}{3!}M^3 + \cdots\right)\boldsymbol{a} \\
&= \left(M\sum_{k=0}^{\infty}\dfrac{t^k}{k!}M^k\right)\boldsymbol{a} = M(\exp tA)\boldsymbol{a} = M\boldsymbol{x}(t)
\end{aligned}$$

確かに解になっています．

B 形式的にはそれでいいでしょうけど，無限級数，それも行列の無限級数ですから，項別微分はできるかとか，そもそも定義されている $\sum_{k=0}^{\infty} \frac{1}{k!} M^k$ が収束するかとかを押さえる必要がありますね．

A そういうややこしい話は絶対収束することを示せば回避できます．この形だから，$e^t = \sum_{k=0}^{\infty} \frac{t^k}{k!}$ で押さえ込む方針で進めることにすると，A^2 の 11 成分は $\sum_{p=1}^{n} a_{1p} a_{p1} \cdots$

B （さえぎって）具体的な表現が必要なら後から計算することにして，

$$A^k = \left[a_{ij}^{(k)}\right] = \begin{bmatrix} a_{11}^{(k)} & a_{12}^{(k)} & \cdots & a_{1n}^{(k)} \\ a_{21}^{(k)} & a_{22}^{(k)} & \cdots & a_{2n}^{(k)} \\ & \cdots\cdots & & \\ a_{n1}^{(k)} & a_{n2}^{(k)} & \cdots & a_{nn}^{(k)} \end{bmatrix}.$$

と書くことにして，更に先に進めたら．

A どうせ上から押さえ込むのだから，$\mu = \max_{i,j=1,n} |a_{ij}|$ として最大値を記号化しょう．そうしたら，定義から $|a_{ij}| \leqq \mu \leqq n\mu$ になる．$a_{ij}^{(2)}$ は A^2 の成分だから $|a_{ij}^{(2)}| = \left|\sum_{p=1}^{n} a_{ip} a_{pj}\right| \leqq (n\mu)^2$ となり，$a_{ij}^{(3)}$ は A^3 の成分だから $|a_{ij}^{(3)}| = \left|\sum_{p,q=1}^{n} a_{ip} a_{qp} a_{qj}\right| \leqq (n\mu)^3$ となり，帰納法を使うと，$|a_{ij}^{(k)}| \leqq (n\mu)^k$ が言えます．

$\exp tA = \sum_{k=0}^{\infty} \frac{(tA)^k}{k!}$ は，$n \times n$ の行列だから n^2 個の無限級数を一気に書いたものですが，その n^2 個のすべてにおいて．第 k 番目の成分の絶対値は $\frac{(n\mu)^k}{k!}$ で抑えること

ができます．$\sum_{k=0}^{\infty} \frac{(n\mu)^k}{k!}$ が絶対収束することから，行列 $\exp tA = \sum_{k=0}^{\infty} \frac{(tA)^k}{k!}$ の各成分も絶対収束することがわかるので項別微分や順序交換も正当化できます．ご都合主義に行列の指数関数を定義したけど結果オーライですね．

T ご都合主義な定義に見えますし，天下りに定義する本も多いのですが，常微分方程式の解の存在や一意性の証明に使うピカール（Picard）の逐次近似法ともつながりますので，時間があればやってみた方が「わかった感」につながるでしょう．

5.1.2 小問 (2) の略解

B 次は，$A = \alpha E$ のとき，$\exp tA = e^{t\alpha}E$ になることを確認するのですね．

A 具体的に $\sum_{k=0}^{\infty} \frac{(tA)^k}{k!}$ の最初の何項を計算…

B （さえぎって）そんなに意気込まなくても $(tA)^k = (t)^k A^k = (\alpha t)^k E^k (\alpha t)^k E$ だから，

$$e^{\alpha t A} = \sum_{k=0}^{\infty} \frac{\{(\alpha t)A\}^k}{k!} = \sum_{k=0}^{\infty} \frac{(\alpha t)^k}{k!} E = e^{(\alpha t)}E$$

でいいでしょう．

5.1.3 小問 (3) の略解

A 具体的な形を示す問題だから，やっぱり具体的に書きおろしましょうか．$\begin{bmatrix} 0 & t \\ -t & 0 \end{bmatrix}^k$ を $k = 0$ からいくつか計算すると

$$(tA)^0 = E,\ (tA)^1 = tA,\ (tA)^2 = \begin{bmatrix} -t^2 & 0 \\ 0 & -t^2 \end{bmatrix} = -t^2 E,\ A^3$$

はっと….

B $A^2 = -t^2 E$ だから $A^3 = -t^2 A$ です．ですから $A^4 = (A^2)^2$ となって ….よく見ると $A^{2k} = (-t)^k t^{2k} E, A^{2k+1} = (-1)^k t^{2k+1} A$ ですから，成分を具体的に書くと，

$$a_{11}^{(2k)} = a_{22}^{(2k)} = (-1)^k t^{2k},\quad a_{12}^{(2k)} = a_{21}^{(2k)} = 0$$
$$a_{12}^{(2k+1)} = (-1)^k t^{2k+1},\quad a_{21}^{(2k+1)} = -(-1)^k t^{2k+1}$$
$$a_{11}^{(2k+1)} = a_{22}^{(2k+1)} = 0$$

となって

$$\exp tA = \begin{bmatrix} \sum_{k=0}^{\infty} \dfrac{(-1)^k t^{2k}}{(2k)!} & \sum_{k=0}^{\infty} \dfrac{(-1)^k t^{2k+1}}{(2k+1)!} \\ \sum_{k=0}^{\infty} \dfrac{(-1)^k t^{2k+1}}{(2k+1)!} & -\sum_{k=0}^{\infty} \dfrac{(-1)^k t^{2k}}{(2k)!} \end{bmatrix}$$
$$= \begin{bmatrix} \cos t & \sin t \\ -\sin t & \cos t \end{bmatrix}$$

になります．

ここで，三角関数のマクローリン展開を使いました．わかった感のためには，三角関数と双曲線関数のマクローリン展開を復習するのもよいでしょう．

5.1.4 小問 (4) の略解

A これも具体的に書きおろそうか．$\begin{bmatrix} t\lambda & 0 \\ 0 & t\mu \end{bmatrix}^k$ は，$k=0$ のとき E，$k=1$ なら $\begin{bmatrix} t\lambda & 0 \\ 0 & t\mu \end{bmatrix}$，$k=2$ は…

B （さえぎって）そんな面倒なことしなくてもいいでしょう．$A = \begin{bmatrix} \lambda & 0 \\ 0 & \mu \end{bmatrix}$ を代入して展開した式をよく見たら，$\frac{d}{dt}x(t) = \lambda x(t)$ と $\frac{d}{dt}y(t) = \mu y(t)$ の独立した方程式です．

A そっか．それなら $t=0$ での位置を $[x_0 y_0]^T$ とすると，t での座標 $(x(t), y(t))$ は $x(t) = x_0 e^{\lambda t}, y(t) = y_0 e^{\mu t}$ となるのは当たり前だ，これを図にすると図 5.1 の様になります．

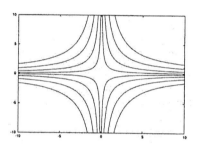

図 5.1 $(x(t) = x_0 e^{\lambda t}, y(t) = y_0 e^{\mu t}, \lambda = 1, \mu = -1)$ のグラフ

5.1.5 解説と追記

T まあ，"定数行列 A を係数とする常微分方程式 $\frac{d}{dt}u(t) = Au(t)$ の解は，$\exp A = \sum_{k=0}^{\infty} \frac{1}{k!} A^k$ で決まる $\exp A$ を用いて $x(t) = (\exp tA)a$ として書き下ろすことができる" という性質は §4.3 で見た平衡点の安定性解析の土台としても，無限次元への布石もあって非常に重要ですし，線型代数の確認や無限級数の評価など，いろいろなことを絡めることができるから，試験問題も作りやすくそれなりに出題されているようです

し，色々な話題が組み合わさって一体となる，という意味で「わかった感」につながると思います．

しかし，行列の無限級数を実際に計算するのは，結構面倒な作業ですから，実用上はもっと別の形を使います．その視点を見るために，次の問題を解いてみましょう．

5.2　二つ目のお題 （行列の固有値・固有ベクトルと微分方程式）

x, y, z に関する連立 1 階微分方程式
$$\dot{u} = Au$$
について以下の問いに答えよ．ただし，
$$A = \begin{bmatrix} -1 & a & 1 \\ 1 & -a-2 & 0 \\ 0 & 2 & -1 \end{bmatrix}, \quad u = \begin{bmatrix} x \\ y \\ z \end{bmatrix}, \quad \dot{u} = \begin{bmatrix} \frac{dx}{dt} \\ \frac{dy}{dt} \\ \frac{dz}{dt} \end{bmatrix}$$
であり，a は実数とする．

(1) 行列 A のすべての固有値を求めよ．

(2) 微分方程式 $\dot{u} = Au$ が，$\dot{u} = \nu e^{\lambda t}$ の形の特解を持つなら，λ は行列 A の固有値，ν は対応する固有ベクトルであることを示せ．

(3) 微分方程式 $\dot{u} = Au$ が減衰も発散もしない振動解をもつための a の値を求めよ．また，このときの解を以下の初期条件のもとで求めよ．
$$t = 0 \text{ において } u = \begin{bmatrix} 1 \\ 0 \\ 0 \end{bmatrix}$$

東京大学大学院（改題）

5.2.1 小問 (1) の略解

A 行列 A の固有方程式は $-\lambda^3 - (a+4)\lambda^2 - (a+5)\lambda = 0$ となり，固有値 λ は $\lambda = 0, \dfrac{-(4+a) \pm \sqrt{a^2 + 4a - 4}}{2}$ となります．

5.2.2 小問 (2) の略解

A $u = \nu e^{\lambda t}$ という特解を持ったとして $\dot{u} = Au$ に代入すると，左辺は $\dot{u} = \dfrac{d}{dt}\nu e^{\lambda t} = \lambda \nu e^{\lambda t}$ となり，右辺は $Au = A\nu e^{\lambda t}$ だから，$e^{\lambda t} \, (\neq 0)$ で割ると，$A\nu = \lambda \nu$ となって，確かに λ は固有値，ν は対応する固有値です．

5.2.3 小問 (3) の解答

A どうせ，小問 (1) と小問 (2) の結果を使うんだろうから…

T こら，そんな受験数学丸出しの…

B はいはい，言い直します．小問 (2) で示したことを，微分の線型性 $\dfrac{d}{dt}(u + \alpha v) = \dfrac{d}{dt}u + \alpha \dfrac{d}{dt}v$ と行列の積の線型性 $A(u + \alpha v) = Au + \alpha Av$ に組み合わせると，$\lambda_1, \lambda_2, \cdots, \lambda_\ell$ を行列 A の固有値，$\nu_1, \nu_2, \cdots, \nu_\ell$ は対応する固有ベクトルとするとき，任意に定める定数の組 $c_1, c_2, \cdots, c_\ell$ に対して $c_1 \nu_1 + c_2 \nu_2 + \cdots + c_\ell \nu_\ell$ も解となることがわかります．ですから，まず個別の固有ベクトルに着目して考察をします[※1]．

[※1] 実際の大学院入試答案にここまで書くかは，スペースと時間と問題のレベルから判断するべきでしょうが，自分の「わかった感」のためには，面倒でもここまで書いた方が良いでしょう．

A $u = \nu e^{\lambda t}$ が「減衰も発散もしない振動解」になるためには λ にどんな条件が必要かを考えます．λ が実数なら $e^{\lambda t}$ が振動することはありませんから，複素数の範囲で考えます．虚部が零でないことが必要条件となるのは明らかですから，小問 (1) の結果を踏まえると，$\mathrm{Im}\left(\dfrac{-(4+a)\pm\sqrt{a^2+4a-4}}{2}\right)\neq 0$，となりさらに $a^2+4a-4<0$ が必要となります．

さて，複素数の指数の定義 (1.1) 式を使うと，$\mathrm{Re}\,\lambda>0$ なら発散，$\mathrm{Re}\,\lambda<0$ なら減衰は明らかですから $\mathrm{Re}\,\lambda=0$ が必要となります．すると，$\mathrm{Re}\,\dfrac{-(4+a)\pm\sqrt{a^2+4a-4}}{2}=\dfrac{-(4+a)}{2}=0$ となり，$a=-4$ ということになります．このとき，$a^2+4a-4<0$ は満たされ，$\mathrm{Im}\left(\dfrac{-(4+a)\pm\sqrt{a^2+4a-4}}{2}\right)\neq 0$ も満たされます．

$a=-4$ のとき，A の固有値は 0 と $\pm i$ になります．それぞれに対応する固有ベクトルを計算すると

0 に対応した ν_0 は $\nu_0=[-2\ \ 1\ \ 2]^T$,

i に対応した ν_i は $\nu_i=\left[\dfrac{-3-i}{2}\ \ \dfrac{1+i}{2}\ \ 1\right]^T$,

$-i$ に対応した ν_{-i} は $\nu_{-i}=\left[\dfrac{-3+i}{2}\ \ \dfrac{1-i}{2}\ \ 1\right]^T$ となります．

今，$c_0\nu_0+c_i\nu_i+c_{-i}\nu_{-i}=[1\ \ 0\ \ 0]^T$ となるように c_0, c_i, c_{-i} を求めると，$c_0=1$, $c_i=-1$, $c_{-i}=-1$ となるので，

$$u = \begin{bmatrix} -2 & 1 & 2 \end{bmatrix}^T - e^{it} \begin{bmatrix} \dfrac{-3-i}{2} & \dfrac{1+i}{2} & 1 \end{bmatrix}^T$$
$$ - e^{-it} \begin{bmatrix} \dfrac{-3+i}{2} & \dfrac{1-i}{2} & 1 \end{bmatrix}^T$$
$$= \begin{bmatrix} -2 + 3\dfrac{e^{it}+e^{-it}}{2} - i\dfrac{e^{it}-e^{-it}}{2} \\ 1 - \dfrac{e^{it}+e^{it}}{2} - i\dfrac{e^{it}-e^{-it}}{2} \\ 2 - (e^{it}+e^{-it}) \end{bmatrix} = \begin{bmatrix} -2 + 3\cos t - \sin t \\ 1 - \cos t + \sin t \\ 2 - 2\cos t \end{bmatrix}$$

なお,最後の式は,$\dfrac{e^{it}+e^{-it}}{2} = \cos t, i\dfrac{e^{it}-e^{-it}}{2} = -\sin t$ を使って虚数を消しました.

この u は「減衰も発散もしない振動解」ですから題意を満たしています.また,右辺は行列をかけるだけなので,当然リプシッツ条件を満たしていて,$\begin{bmatrix} 1 & 0 & 0 \end{bmatrix}^T$ を通る解はこれ一つです.

T 固有ベクトルの一次結合で書けない解が存在しないことへの言及がないのですが,大筋はこんなところでしょう.

ここですべての解を $\exp tA\boldsymbol{x} = c_1 e^{\lambda_1 t} \boldsymbol{\nu}_1 + c_1 e^{\lambda_1 t} \boldsymbol{\nu}_2 + \cdots + c_n e^{\lambda_n t} \boldsymbol{\nu}_n$ の形に書くことについての考察をしておきます.すべての解がこの形で表されるのなら,空間次元 n 個の一次独立な固有ベクトル $\boldsymbol{\nu}_1, \boldsymbol{\nu}_2, \cdots, \boldsymbol{\nu}_n$ が存在することになり,A が対角化可能です.

さて,$\boldsymbol{\nu}_k$ の張る部分空間への射影行列を P_k とおくと,$A = \lambda_1 P_1 + \lambda_2 P_2 + \cdots + \lambda_n P_n$ が言えます.

更に,$P_k^2 = P_k, P_k P_j = 0 \, (k \neq j)$ が言えますから,
$$A^2 = \lambda_1^2 P_1^2 + \lambda_2^2 P_2^2 + \cdots + \lambda_n^2 P_n^2$$
$$+ \lambda_1 \lambda_1 + (P_1 P_2 + P_2 P_1) + \cdots + \lambda_{n-1}\lambda_n + (P_{n-1} P_n + P_n P_{n-1})$$

$$= \lambda_1^2 P_1 + \lambda_2^2 P_2 + \cdots + \lambda_n^2 P_n$$

となります．ですから，任意の x に対し

$$\exp tA\boldsymbol{x} = \exp tAP_1\boldsymbol{x} + \exp tAP_2\boldsymbol{x} + \cdots + \exp tAP_n\boldsymbol{x}$$

となります．ここで

$$\begin{aligned}\exp tAP_k\boldsymbol{x} &= \exp(t(A-\lambda_k E) + \lambda_k tE)P_k\boldsymbol{x} \\ &= e^{\lambda_k t}\exp(t(A-\lambda_k E))P_k\boldsymbol{x} \\ &= \left(e^{\lambda_k t}E + t(A-\lambda_k E) + \frac{1}{2!}t(A-\lambda_k E)^2 + \cdots + \right)P_k\boldsymbol{x}\end{aligned}$$

となりますが，P_k の定義より，$P_k\boldsymbol{x}$ が $\boldsymbol{\nu}_k$ の張る部分空間の元であることを考えると，$(A-\lambda_k E)P_k\boldsymbol{x} = 0$ となり，第二項以降は零となって，$\exp tAP_k\boldsymbol{x} = e^{\lambda_k t}P_k\boldsymbol{x}$ が言え，結局，$\exp tA = e^{\lambda_1 t}P_1 + e^{\lambda_2 t}P_2 + \cdots + e^{\lambda_n t}P_n$ となります．これは，行列の指数関数は部分空間に射影することにより個別の空間で実数の指数関数に分解できることを意味します．

なお，実用上は

$$\exp tA\boldsymbol{x} = c_1 e^{\lambda_1 t}\boldsymbol{\nu}_1 + c_1 e^{\lambda_2 t}\boldsymbol{\nu}_2 + \cdots + c_n e^{\lambda_n t}\boldsymbol{\nu}_n$$

としておいて，初期条件等から c_k を決めるほうが楽とされています．

5.3 三つ目のお題（行列の対角化と微分方程式）

> A を $n \times n$ の対角化可能な行列とするとき，ベクトル x の微分方程式 $\dfrac{d\bm{x}}{dt} = A\bm{x}$ について次の問に答えよ．
>
> (1) Λ を対角行列として，行列 $P^{-1}AP = \Lambda$ が成り立つとき，$y = P^{-1}x$ とすると，$\dfrac{d\bm{y}}{dt} = \Lambda \bm{y}$ が成り立つことを示せ
>
> (2) A が対角化可能なとき，A の固有値を $\lambda_1, \lambda_2, \cdots, \lambda_n$ とすると，$y = \begin{bmatrix} c_1 \exp\lambda_1 t \\ c_2 \exp\lambda_2 t \\ \vdots \\ c_n \exp\lambda_n t \end{bmatrix}$ となることを示せ．
>
> (3) $A = \begin{bmatrix} 1 & 0 & 0 \\ 0 & 3 & 2 \\ 1 & 2 & 3 \end{bmatrix}$ としたときの $\dfrac{d\bm{x}}{dt} = A\bm{x}$ の一般解を求めよ．
>
> 東京大学大学院（改題）

5.3.1 小問 (1) の略解

A $y = P^{-1}x$ を $\dfrac{d\bm{y}}{dt}$ に代入すると，$\dfrac{d\bm{y}}{dt} = P^{-1} \dfrac{d\bm{x}}{dt} = P^{-1}A\bm{x} = P^{-1}AP\bm{y} = \Lambda \bm{y}$ です．

5.3.2 小問 (2) の略解

A $A^k = (P\Lambda P^{-1})(P\Lambda P^{-1})\cdots(P\Lambda P^{-1}) = P\Lambda^k P^{-1}$ $(k = 0, 1, \cdots)$

だから，$\exp tA = P(\exp t\Lambda)P^{-1}$ となって…

B （さえぎって）この問題に関して言うなら，Λ が対角行列ですから，$\dfrac{d\boldsymbol{y}}{dt} = \Lambda \boldsymbol{y}$ の各成分を見ると，$\dfrac{y_1}{dt} = \lambda_1 y_1, \dfrac{y_2}{dt} = \lambda_2 y_2, \cdots, \dfrac{y_n}{dt} = \lambda_n y_n$ となります．ですから，$y_1 = c_1 e^{\lambda_1 t}, c_2 e^{\lambda_2 t}, \cdots, c_n e^{\lambda_n t}$ となります．これは§5.2.3の最後で指摘した，部分空間の指数関数に射影することの具体例とも言えます．

5.3.3 小問 (3) の略解

B この A は対角化できませんから，これまでのやり方は使えません．

T 誘導問題になっていない出題はどうかと思うのが受験数学の発想でしょうけど，それは横においといて，結論を先に書くと，このような対角化不能な場合は．一般固有ベクトルと一般固有空間を使って書きます．

A 一般固有ベクトルというと，重複度 m_k の固有値 λ に対し $(A - \lambda_k E)^{m_k} x = 0$ を満たすベクトルですね．対角化できない場合でも，一般固有ベクトル全体なら全空間を張るのでどんな初期値にも対応できるのですね．

B このとき，積が交換可能なことをふまえて，さっきと同様に進めると

$$\exp tAP_k \boldsymbol{x} = \exp\{t(A-\lambda_k E)+\lambda_k tE\}P_k\boldsymbol{x}$$
$$= \exp\{t(A-\lambda_k E)\}P_k\boldsymbol{x}\exp(\lambda_k tE)P_k\boldsymbol{x}$$
$$= e^{\lambda_k t}\exp(t(A-\lambda_k E))P_k\boldsymbol{x}$$
$$= e^{\lambda_k t}\left(E+t(A-\lambda_k E)+\frac{1}{2!}t(A-\lambda_k E)^2+\cdots+\right)P_k\boldsymbol{x}$$

となります．$(A-\lambda_k E)^j$ の項は $j=m_k$ まで消えない可能性があるので，対角化できない場合も含めて一般的には，

$$\exp tA = f_1(t)e^{\lambda_1 t}\nu_1 + f_2(t)e^{\lambda_2 t}\nu_2 + \cdots + f_p(t)e^{\lambda_p t}\nu_p$$

と書けるわけですね．ここで，$f_j(t)=\sum_{k=0}^{m_j}\dfrac{t^k}{k!}(A-\lambda_j)^k$ です．

T そのとおりです．では，この問題にあてはめるとどうなりますか？

A 行列 A の固有方程式は $-\lambda^3+7\lambda^2-11\lambda+5=0$ で，固有値は 1 と 5 で 1 は二重根，5 は単根です．5 に対応する固有ベクトルは $[0\ 1\ 1]^T$ です．1 は二重根ですが，対応する固有ベクトルは $[0\ 1\ -1]^T$ だけです．1 に対応する一般固有ベクトルはさらに，$(A-E)^2\nu=0$ となるものがあるのですが，それは，$[8\ -1\ -1]^T$ です．

ですから，一般解は

$$x(t) = c_1 e^{5t}\begin{bmatrix}0\\1\\1\end{bmatrix}+c_2 e^t\begin{bmatrix}0\\1\\-1\end{bmatrix}+c_3 e^t\{E+t(A-E)\}\begin{bmatrix}8\\-1\\-1\end{bmatrix}$$
$$= c_1 e^{5t}\begin{bmatrix}0\\1\\1\end{bmatrix}+c_2 e^t\begin{bmatrix}0\\1\\-1\end{bmatrix}+c_3 e^t\begin{bmatrix}8\\-1-4t\\-1+4t\end{bmatrix}$$

です．

5.4 行列係数微分方程式の幾何的意味づけ

T $\dfrac{dx}{dt} = Ax$ の幾何的な意味はなんですか？

A $\dfrac{dx}{dt} = Ax$ の左辺 $\dfrac{d}{dt}\begin{bmatrix} x \\ y \end{bmatrix}$ は xy 平面上を動く点の速度ベクトルを表していて，解軌道とは，各点における速度ベクトルにそって点が移動する軌跡だとも解釈できます．

B 対角化可能な場合の
$$\exp tA\boldsymbol{x} = c_1 e^{\lambda_1 t}\boldsymbol{\nu}_1 + c_1 e^{\lambda_2 t}\boldsymbol{\nu}_2 + \cdots + c_n e^{\lambda_n t}\boldsymbol{\nu}_n$$
という式は，固有ベクトルの方向を軸の方向ととる斜交座標系では，速度ベクトルがその座標に比例している動きと解釈できます．

(3) の場合は，$\dfrac{dx}{dt} = \begin{bmatrix} 0 & 1 \\ -1 & 0 \end{bmatrix}$ ですから，速度ベクトルは，その点の位置ベクトルを反時計回りに 90 度回転させたベクトルになります．言い換えると，原点を中心とする円運動をすることになり，図示すると図 5.2 の様になります．

A 一つ目のお題の (4) の左辺は $\begin{bmatrix} \lambda & 0 \\ 0 & \mu \end{bmatrix} \boldsymbol{x}$ でした．このときの固有ベクトルは，$\begin{bmatrix} 1 & 0 \end{bmatrix}^T$ と $\begin{bmatrix} 0 & 1 \end{bmatrix}^T$ です．

この場合，速度ベクトルの X 成分は点の X 座標の λ 倍，Y 成分は点の Y 座標の μ 倍になります．

(4) は $\lambda > 0 > \mu$ とした場合ですから，X 成分に注目すると段々加速しながら Y 軸から離れて行くことが読み取れます．また，Y 成分に注目すると段々減速しながら X 軸に近づくことがわかります．速度ベクトルを図示すると図 5.3 の様になり

ます.

結局第一のお題の (3), (4) についての各点の移動をベクトルで表わした図はそれぞれ図 5.2，図 5.3 のようになります.

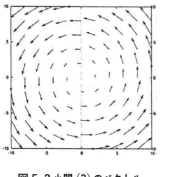

図 5.2 小問 (3) のベクトル

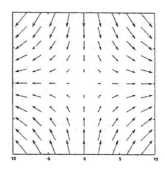

図 5.3 小問 (4) のベクトルの図

A 図 5.2 のぐるぐる回るのは指数的成長に見えませんが….

T この場合の固有値は $\mp i$ で対応する固有ベクルは，$\begin{bmatrix} \mp i \\ 1 \end{bmatrix}$ です.
一般に A が実行列で複素固有値 λ を持つときは $\bar{\lambda}$ も固有値となりますし，固有ベクトル ν に対応しても固有ベクトルとなります. 実部虚部を分解し代入すると

$$c_j e^{\lambda t} + c_k e^{\bar{\lambda} t} \bar{\nu} = e^{t\,\mathrm{Re}\,\lambda} c[(\cos(t\,\mathrm{Im}\,\lambda) + \tilde{c}\sin(t\,\mathrm{Im}\,\lambda))\mathrm{Re}\,\nu \\ +(-c\sin(t\,\mathrm{Im}\,\lambda) + \tilde{c}\cos(t\,\mathrm{Im}\,\lambda))\mathrm{Im}\,\nu]$$

となります. ここで，$c = c_j + c_k, \tilde{c} = i(c_j - c_k)$ は任意定数です. この式は，この軌道が $\mathrm{Re}\,\nu$ で定める平面上の座標系で対数螺旋を描いていることをあらわします. ただ，この場合は $\mathrm{Re}\,\lambda = 0$ なので円となります.

参考文献

[1] 伊理正夫，総形代数 II（岩波講座応用数学 11），岩波書店，1994

[2] 笠原晧司，新微分方程式対話 新版，日本評論社，1995

[3] 梶原壤二，新修解析学，現代数学社，1980

[4] 関正治・姫野俊一・陳啓浩，解法と演習 大学院入試問題〈情報通信系〉，数理工学社，2004

[5] 姫野俊一・陳啓浩，大学院別入試問題と解法［数学］I，サイエンス社，1998

[6] 姫野俊一・陳啓浩，大学院別入試問題と解法［数学］II，サイエンス社，1998．

[7] 姫野俊一・陳啓浩，解法と演習 工学系大学院入試問題〈数学物理学〉，数理工学社，2003

[8] 姫野俊一・陳啓浩，演習大学院入試問題［数学］I〈第二版〉，サイエンス社，2004．

[9] 俣野博，微分方程式 I（岩波講座応用数学 7），岩波書店，1993

第6話

温度分布を源流とする偏微分方程式

A 今回は偏微分方程式，それともいきなり二階のものですか？

B 高校数学でも誘導しながらなら扱える常微分方程式に比べ，偏微分そのものが大学に入ってからでないと扱わないものですし，応用上はコンピュータに頼ることも多いのではないでしょうか．

T もちろん，現在では，コンピュータに頼るのは当然のことです．しかし，「わかった感」という意味では，コンピュータに頼るときにも，基本的な性質や定性的な議論などは非常に重要です．また，モデルから方程式の導出なども「わかった感」のためには必要でしょう．もちろん，どれだけで「わかった」となるかは個人によるわけですから，一律に論じるわけには行かないのですが，今回扱うくらいのことは知っておいて損はないかと思います．

A それにしても，なぜ二階の方程式を先にするのですか？

T 背景にある考え方が自然なので，「わかった感」につながりやすいと判断しました．

6.1 一つ目のお題（熱方程式の入口）

A と B を異なる実定数とする．$u(t, x)$ は $t \geq 0$, $0 \leq x \leq 1$ において十分なめらかな関数で，方程式
$$\frac{\partial u}{\partial t} = \frac{\partial^2 u}{\partial x^2} \quad (t \geq 0,\ 0 \leq x \leq 1), \tag{6.1}$$
境界条件
$$u(t, 0) = A,\quad u(t, 1) = B \quad (t \geq 0), \tag{6.2}$$
初期条件
$$u(0, x) = \sin(3\pi x) + (B-A)x + A \quad (0 \leq x \leq 1), \tag{6.3}$$
を満たすものとする．

以下の問に答えよ．

(1) $u(t, x)$ を x 軸に沿って置かれた十分に細い棒の時刻 t での位置 x における温度とみなしたとき，方程式 (6.1) と境界条件 (6.2) の物理的解釈の一例を述べよ．

(2) (1) の物理的解釈から時刻 $t \to \infty$ のときの $u(t, x)$ の極限 $f(x)$ を推定せよ．

(3) (2) で求めた $f(x)$ を用いて，$u(t, x)$ を
$$u(t, x) = w(t, x) + f(x), \tag{6.4}$$
の形に表したとき，$w(t, x)$ が満たすべき方程式，境界条件，初期条件を求めよ．

(4) $w(t, x)$ が t のみの関数 $P(t)$ と x のみの関数 $Q(x)$ の積 $P(t)Q(x)$ の形で表せると仮定して，$w(t, x)$ を求めよ．

(5) (4) の結果を利用して $u(t, x)$ を求めよ．

東京大学大学院（改題）

6.1.1 小問 (1) の方針

B 色々な表現が可能でしょうけど，ここでは [7] に従います．

A 区間 $(x_0, x_0+\Delta x) \subset (0, 1)$ に着目すると，時刻 t_0 でのこの区間内の総熱量 $Q(t_0)$ は

$$Q(t_0) = \int_{x_0}^{x_0+\Delta x} c(x)\rho(x)u(t_0, x)dx \tag{6.5}$$

となります．ただし，$c(x)$, $\rho(x)$ はそれぞれ点 x における比熱と密度です．①式を t で微分すると

$$\frac{d}{dt}Q(t_0) = \int_{x_0}^{x_0+\Delta x} c(x)\rho(x)\frac{\partial}{\partial t}u(t, x)dx \tag{6.6}$$

となります[※1]．

B ここで次の2つの仮定を置きます：

仮定1 この棒の内部での熱の発生や吸収はない．

仮定2 棒の勝手な点 x_0 を境にしてその右側から左側に単位時間当たりに流れ込む熱量は $K(x_0)\dfrac{\partial u}{\partial x}$ に等しい[※2]．ただし，$K(x_0)$ は点 x_0 での熱伝導度である．

仮定1から区間 $(x_0, x_0+\Delta x)$ の総熱量の変化は両端 $x_0, x_0+\Delta x$ からどれだけの熱量が流入・流出したかで決まることがわかります．このことと仮定2から

$$\frac{d}{dt}Q(t_0) = K(x_0+\Delta x)\frac{\partial u}{\partial x}(t_0, x_0+\Delta x) - K(x_0)\frac{\partial u}{\partial x}(t_0, x_0)$$

[※1] 微分と積分の順序交換の妥当性が気になる人は，自分で確かめて下さい．

[※2] フーリエ（Fourier）の法則と言います．

$$= \int_{x_0}^{x_0+\Delta x} \frac{\partial}{\partial x}\Big(K(x)\frac{\partial}{\partial x}u(t_0,\ x)\Big)dx \tag{6.7}$$

が導かれます．(6.6) と (6.7) の左辺はともに $\frac{d}{dt}Q(t_0)$ ですから

$$\int_{x_0}^{x_0+\Delta x} c(x)\rho(x)\frac{\partial}{\partial t}u(t,\ x)dx$$
$$= \int_{x_0}^{x_0+\Delta x} \frac{\partial}{\partial x}\Big(K(x)\frac{\partial}{\partial x}u(t_0,\ x)\Big)dx \tag{6.8}$$

が成立します．(6.8) が任意の区間 $(x_0,\ x_0+\Delta x)$ で成立することにより，

$$c(x)\rho(x)\frac{\partial}{\partial t}u(t,\ x)dx = \frac{\partial}{\partial x}\Big(K(x)\frac{\partial}{\partial x}u(t_0,\ x)\Big)$$

が成立する必要があります．ここで比熱 c，密度 ρ，熱伝導度 K が一定であるとすると，(6.1) 式となります．

B u が温度であることから，$u(t_0,\ 0)=A$ は棒の左端の温度が常に A であることを表し，$u(t,\ 1)=B$ は棒の右端の温度が常に B であることを表します．これはたとえば，棒とやりとりする熱ぐらいでは温度が変化しないくらい非常に大きい二つの物体（それぞれの温度は A, B）にこの棒が挟まれている様な状況を想像すると分かりやすいかもしれません．

T この方程式の導出は，仮定 1 のような保存則と仮定 2 のような移動が密度の傾きに比例する（言い換えると移動に関してフーリエの法則が成立する）というモデル構築の一つの基本形で，温度（熱）だけでなく化学物質の濃度や生物の量の棲息量の数理モデル構築にも使われます．

6.1.2　小問 (2) の方針

B　極限状態では定常状態になっていると考えられます．ですから，区間 $(x_0, x_0+\Delta x)\subset(0, 1)$ での総熱量も一定となり，(6.7) の左辺は零だと考えられます．ところで (6.7) の中辺を見ると，$\dfrac{\partial u}{\partial x}$ も区間 $(0, 1)$ で一定であると考えられます．

A　$\dfrac{\partial u}{\partial x}$ が一定だと言うことを境界条件 (6.2) に組合わせると $f(x)=(B-A)x+A$ だと推定されます．

6.1.3　小問 (3) の方針

A　$u(t, x)=w(t, x)+f(x)$ から $w(t, x)=u(t, x)-f(x)$ です．更に $f_t=0$, $f_x=(B-A)$, $f_{xx}=0$ となるので，これらを (6.1)–(6.3) に代入すると，

$$\frac{\partial w}{\partial t}=\frac{\partial^2 w}{\partial t^2} \quad (t\geqq 0,\ 0\leqq x\leqq 1), \tag{6.9}$$

$$w(t, 0)=0,\ w(t, 1)=0 \quad (t\geqq 0), \tag{6.10}$$

$$w(0, x)=\sin(3\pi x) \quad (0\leqq x\leqq 1), \tag{6.11}$$

となります．

6.1.4　小問 (4) の方針

A　$w(t, x)=P(t)Q(x)$ を (6.1) に代入すると

$$\frac{\partial}{\partial t}P(t)Q(x)=\frac{\partial^2}{\partial x^2}P(t)Q(x)$$

ですが，何が独立変数かに着目すると

$$Q(x)\frac{\partial}{\partial t}P(t)=P(t)\frac{\partial^2}{\partial x^2}Q(x)$$

となります.この両辺を $w(t, x) = P(t)Q(x)$ で割ることにより,

$$\frac{\frac{\partial P(t)}{\partial t}}{P(t)} = \frac{\frac{\partial^2 Q(x)}{\partial x^2}}{Q(x)} \tag{6.12}$$

が得られます.(6.12)の左辺は t だけの関数,右辺は x だけの関数なので,両辺は x, t に無関係の定数でなければなりません.その定数を μ と置くと,

$$\frac{\frac{dP(t)}{dt}}{P(t)} = \mu, \tag{6.13}$$

$$\frac{\frac{d^2 Q(x)}{dx^2}}{Q(x)} = \mu \tag{6.14}$$

となり,それぞれ単独の常微分方程式となります.

まず,$P(t)$ について扱います.(6.13) の両辺を払うと,$\frac{d}{dt}P(t) = \mu P(t)$ より C を積分定数として $P(t) = C\exp(\mu t)$ と書けます.

次に,$Q(x)$ について考えます.$w(t, x) = P(t)Q(x)$ と $t = 0$ を代入すると $w(0, x) = CQ(x)$ となり,(6.11) と組み合わせることによって $Q(x) = \sin(3\pi x)$, $C = 1$ となります.$Q(x) = \sin(3\pi x)$ を (6.14) に代入することにより,$\mu = -9\pi^2$ となり,$P(t) = \exp(-9\pi^2 t)$ を得ることができます.結局,

$$u(t, x) = \exp(-9\pi^2 t)\sin(3\pi x) + (B - A)x + A$$

が必要であることがわかります.この式が (6.1)–(6.3) を満たすことは代入して確認すればよいです.

B モデル導出などちょっとひねりもありましたが,熱方程式

$u_t = du_{xx}$ の初期境界値問題の基本的な処理でした．この様な方法をフーリエの方法といいます．

T なお，熱方程式に反応項と呼ばれる非線形項を加えた方程式は反応拡散系と呼ばれ，パターン形成の数理モデル等で広く応用されています．

6.2 二つ目のお題（熱方程式に帰着できる方程式）

(1) 領域 $-\infty < x < \infty$，$0 \leq t$ において定義された関数 $u(t, x)$ が，非線形微分方程式

$$\frac{\partial u}{\partial t} + u\frac{\partial u}{\partial x} - \frac{\partial^2 x}{\partial x^2} = 0 \tag{6.16}$$

を満たしているとする．(6.16) は変換

$$u(t, x) = -2\frac{\partial}{\partial x}\log \psi(t, x) \tag{6.17}$$

によって線型微分方程式

$$\frac{\partial \psi}{\partial t} = \frac{\partial^2 \psi}{\partial x^2} \tag{6.18}$$

に帰着されることを示せ．このとき，必要ならば (6.17) において ψ に t の任意関数をかけるだけの不定性があることを利用せよ．

(2) 条件

$$\psi(0, x) = \frac{1}{\sqrt{2\pi}}e^{-\frac{1}{2}x^2} \tag{6.19}$$

のもとに微分方程式 (6.18) の解 $\psi(t, x)$ を求めよ．

東京大学大学院（改題）

6.2.1 小問 (1) の方針

B (6.17) の右辺は x の偏微分の形で書かれているので u が (6.17) を満たすなら $\psi(t,x)$ に t のみに依存する関数 $A(t)$ をかけた $\varphi(t,x) = A(t)\psi(t,x)$ についても

$$u(t,x) = -2\frac{\partial}{\partial x}\log \varphi(t,x)$$

が成立します．さて，

$$u(t,x) = -2\frac{\partial}{\partial x}\log \varphi(t,x) = -2 \times \frac{\varphi_x}{\varphi}$$

ですからこれを利用して u の偏微分を計算すると，

$$\frac{\partial u}{\partial t} = -2 \times \frac{\varphi \varphi_{xt} - \varphi_t \varphi_x}{\varphi^2} \tag{6.20}$$

$$\frac{\partial u}{\partial x} = -2 \times \frac{\varphi \varphi_{xx} - \varphi_x^2}{\varphi^2} \tag{6.21}$$

$$u\frac{\partial u}{\partial x} = -2 \times \frac{\varphi_x}{\varphi} \times \left(-2 \times \frac{\varphi \varphi_{xx} - \varphi_x^2}{\varphi^2}\right)$$

$$= 4 \times \frac{\varphi \varphi_x \varphi_{xx} - \varphi_x^3}{\varphi^3} \tag{6.22}$$

$$\frac{\partial^2 u}{\partial x^2} = -2 \times \frac{\varphi^2 \varphi_{xxx} - 3\varphi \varphi_x \varphi_{xx} + 2\varphi_x^3}{\varphi^3} \tag{6.23}$$

となります．

A (6.20) から (6.23) を (6.16) に代入すると

$$0 = \frac{\partial u}{\partial t} + u\frac{\partial u}{\partial x} - \frac{\partial^2 u}{\partial x^2}$$

$$= -2 \times \frac{\varphi \varphi_{xt} - \varphi_t \varphi_x}{\varphi^2} + 4 \times \frac{\varphi \varphi_x \varphi_{xx} - \varphi_x^3}{\varphi^3}$$

$$\qquad + 2 \times \frac{\varphi^2 \varphi_{xxx} - 3\varphi \varphi_x \varphi_{xx} + 2\varphi_x^3}{\varphi^3}$$

$$= -2\frac{\varphi \varphi_{xt} - \varphi_t \varphi_x + \varphi_x \varphi_{xx} - \varphi \varphi_{xxx}}{\varphi^2}$$

$$= -2\frac{\varphi\frac{\partial}{\partial x}(\varphi_t - \varphi_{xx}) - \varphi_x(\varphi_t - \varphi_{xx})}{\varphi^2}$$

$$= -2\frac{\partial}{\partial x}\left(\frac{\varphi_t - \varphi_{xx}}{\varphi}\right)$$

を得ます．よって，t のみに依存する関数 $c(t)$ を使って

$$\frac{\varphi_t - \varphi_{xx}}{\varphi} = c(t)$$

と書けます．さらに分母を払うと

$$\varphi_t - \varphi_{xx} = c(t)\varphi \tag{6.24}$$

となり，(6.24) に $\varphi = A\psi$ を代入すると

$$A_t\psi - A(\psi_t - \psi_{xx}) = cA\psi$$

となり整理すると

$$\psi_t - \psi_{xx} = \frac{A_t - cA}{A}\psi \tag{6.25}$$

を得ます．ここで任意定数 C_1 を使って

$$A(t) = C_1 \exp\int_0^t c(\tau)d\tau$$

ときめてやると $A_t = cA$ となり，(6.25) の右辺は零となり，結局 (6.16) が

$$\psi_t - \psi_{xx} = 0$$

となることが導かれたことになります．

6.2.2　小問 (2) について

B フーリエ変換を用いましょう．

A ψ の x に関するフーリエ変換 $\mathcal{F}(\psi(t, x))$ を $\Psi(t, \omega)$ と書くことにして (6.18)，(6.19) をフーリエ変換すると

$$\frac{d\Psi(t,\omega)}{dt} = -\omega^2 \Psi(t,\omega) \qquad (6.26)$$

$$\Psi(0,\omega) = \frac{1}{\sqrt{2\pi}} \exp\left(-\frac{\omega^2}{2}\right) \qquad (6.27)$$

となります．(6.26)により任意定数 C_2 を使って

$$\Psi(t,\omega) = C_2 \exp(-t\omega^2)$$

となりますが，(6.27)を使うと $C_2 = \dfrac{\exp(-\omega^2/2)}{\sqrt{2\pi}}$ となるので，結局

$$\Psi(t,\omega) = \frac{\exp(-\omega^2/2)}{\sqrt{2\pi}} \times \exp(-t\omega^2)$$

$$= \frac{\exp(-(t+1/2)\omega^2)}{\sqrt{2\pi}}$$

となります．フーリエ逆変換をすることにより

$$\psi(t,x) = \mathcal{F}^{-1}\Psi = \mathcal{F}^{-1}\left(\frac{\exp(-(t+1/2)\omega^2)}{\sqrt{2\pi}}\right)$$

$$= \frac{1}{\sqrt{2\pi(2t+1)}} \exp\left(\frac{-x^2}{2(2t+1)}\right)$$

が得られます．

T (6.16)式は流体力学で現れるバーガーズ (Burgers) 方程式と呼ばれる方程式です．更に，小問 (1) で示した変換はコール・ホップ (Cole-Hopf) 変換と呼ばれる変換です．

　このように，熱方程式は基礎的で厳密解も計算可能な方程式ですから，変換することによって熱方程式に帰結するような方程式は厳密解が計算できるわけです．コール・ホップのような変換をいちいち暗記する必要はないと思いますが，実際に手を動かして展開を追った経験は重要ですし，そのような経験があるかないかも「わかった感」につながると思います．

さて，今までの2問は厳密解が求まりましたが，厳密解を求まる偏微分方程式はむしろまれな存在です．そこで，定性的な性質を見ることも重要な課題となります．本章はそのような問題でしめたいと思います．

6.3　三つ目のお題（熱方程式とエネルギー散逸）

Ω を3次元空間の有界領域とし，その境界を Γ とする．実数値関数 $u(x, t)$ は方程式

$$\frac{\partial u}{\partial t} = \sum_{i=1}^{3} \frac{\partial^2 u}{\partial x_i^2} \quad (x = [x_1 \ x_2 \ x_3] \in \Omega, \ t>0) \tag{6.28}$$

と境界条件

$$\sum_{i=1}^{3} n_i \frac{\partial u}{\partial x_i} = 0 \quad (x \in \Gamma, \ t>0) \tag{6.29}$$

を満たすとする．ここで，$[n_1 \ n_2 \ n_3]$ は Γ 上の外向き法線ベクトルである．

(1) まず

$$\frac{d}{dt}\int_\Omega u^2 dV = 2\int_\Omega u \sum_{i=1}^{3} \frac{\partial^2 u}{\partial x_i^2} dV \tag{6.30}$$

および

$$\int_\Omega \left[u \sum_{i=1}^{3} \frac{\partial^2 u}{\partial x_i^2} + \sum_{i=1}^{3} \left(\frac{\partial u}{\partial x_i}\right)^2 \right] dV = 0 \tag{6.31}$$

が成り立つことを示せ．ここで dV は Ω の体積要素である．

(2) 次に，もし $t_1 > t_0 > 0$ ならば

$$\int_\Omega u^2(x, t_1) dV \leq \int_\Omega u^2(x, t_0) dV \tag{6.32}$$

が成り立つことを示せ．

電気通信大学大学院（改題）

6.3.1 小問 (1) の方針

A (6.30) については，形式的に計算してやります：

$$\frac{d}{dt}\int_\Omega u^2 dV = \int_\Omega \frac{\partial}{\partial t}u^2 dV = \int_\Omega 2u\frac{\partial}{\partial t}u dV$$

$$= 2\int_\Omega u\sum_{i=1}^{3}\frac{\partial^2 u}{\partial x_i^2}dV$$

B 次に (6.31) についてですが，

$$u\frac{\partial^2 u}{\partial x_i^2}+\left(\frac{\partial u}{\partial x_i}\right)^2 = \frac{\partial}{\partial x_i}\left(u\frac{\partial u}{\partial x_i}\right) \quad (i=1,2,3)$$

と書けることを使うと，(6.31) の左辺は：

$$\int_\Omega \left[u\sum_{i=1}^{3}\frac{\partial^2 u}{\partial x_i^2}+\sum_{i=1}^{3}\left(\frac{\partial u}{\partial x_i}\right)^2\right]dV$$

$$= \int_\Omega \left[\sum_{i=1}^{3}\frac{\partial}{\partial x_i}\left(u\frac{\partial u}{\partial x_i}\right)\right]dV$$

$$= \int_\Gamma \left[\sum_{i=1}^{3}\left(u\frac{\partial u}{\partial x_i}n_i\right)\right]dS \qquad (6.33)$$

となります．最後の変形は発散定理です．

A Γ 上で $\sum_{i=1}^{3}n_i\frac{\partial u}{\partial x_i}=0$ だから，u をかけてから Γ で積分することを考えると，$\int_\Gamma \sum_{i=1}^{3} u\frac{\partial u}{\partial x_i}n_i dS = 0$ となり，(6.33) の右辺が零になることがわかります．

6.3.2 小問 (2) の方針

B (6.30), (6.31) より

$$\frac{d}{dt}\int_\Omega u^2 dV = -\int_\Omega \sum_{i=1}^{3}\left(\frac{\partial u^2}{\partial x_i}\right)dV \leqq 0$$

となるので，$\int_\Omega u^2 dV$ は t に関して単調減少であり，(6.32) 式が成立することがわかります．

T (6.32) 式ですが，総エネルギーが散逸によって減少することに対応していると捉えることもできます．

参考文献

[1] 東京図書編集部編,『詳解 大学院への数学 (改訂新版)』, 東京図書, 1992
[2] 姫野俊一・陳啓浩著,『演習 大学院入試問題 [数学] I (第二版)』, サイエンス社, 1997
[3] 姫野俊一・陳啓浩著,『大学院別入試問題と解法 [数学] I』, サイエンス社, 1998
[4] 姫野俊一・陳啓浩著,『大学院別入試問題と解法 [数学] II』, サイエンス社, 1998
[5] 姫野俊一・陳啓浩著,『解法と演習 工学系大学院入試問題〈数学・物理学〉』, サイエンス社, 2003
[6] 俣野博,『微分方程式 II』, 岩波講座 応用数学, 1994
[7] 俣野博・神保道夫,『熱・波動と微分方程式』, 岩波講座 現代数学への入門, 1996

第 7 話

直接解ける偏微分方程式

A 今回も偏微分方程式の求積ですか？

B 院試に頻出するとも思えない分野ですが….

T しかし，解析学という立場からしても応用と言う視点からしても基礎の基礎です．もちろん，どれだけの重みを感じるかは個々人によりますから一律に論じるわけには行かないのですが，今回扱うくらいのことを一度は手を動かしておいて損はないかと思います．

7.1 一つ目のお題（特性基礎曲線の復習）

線型偏微分方程式 $x\dfrac{\partial z}{\partial x} - y\dfrac{\partial z}{\partial y} + \dfrac{y^2}{x} = 0$ の
一般解を求めよ．

東京大学大学院（改題）

7.1.1 求積の方針

B これはまた直球勝負というかなんと言うか…．確かに基礎ですねぇ．

A では基本に従い，まず平面上の任意の点 (x_0, y_0) に対してその点を通る特性基礎曲線 $(X(s;x_0,y_0), Y(s;x_0,y_0))$ を具体的に求めてみます．ここで s は曲線上の動点を表すパラメータです．満たすべき方程式は

$$\begin{cases} \dfrac{d}{ds} X(s;x_0,y_0) = X \\ \dfrac{d}{ds} Y(s;x_0,y_0) = -Y \end{cases}$$

です．この解を具体的に書き下ろすと $X(s;x_0,y_0) = e^s x_0$, $Y(s;x_0,y_0) = e^{-s} y_0$ となります．

$X(s;x_0,y_0) Y(s;x_0,y_0) = x_0 y_0$ となりますから，この方程式の特性基礎曲線群は t をパラメータとして $xy = t$ で表されることになります．ですから，初期曲線として $y = x$ をとることができます．初期曲線の上の点 $(x_0, y_0, z_0) = (t, t, g(t))$

第 7 話　直接解ける偏微分方程式

に対応する特性基礎曲線は $X(s;t) = te^s$, $Y(s;t) = te^{-s}$ と書けることになります．

B 次に $(t, g(t))$ を始点として特性曲線に沿って解を積分するために

$$\begin{cases} \dfrac{dz(s;t)}{ds} = -\dfrac{\{Y(s;t)\}^2}{X(s;t)} \\ z(0;t) = g(t) \end{cases}$$

を解きます．X, Y を代入することにより，

$$\frac{d}{ds}z(s;t) = -\frac{\{Y(s;t)\}^2}{X(s;t)} = -\frac{(te^{-s})^2}{te^s} = -te^{-3s}$$

が得られますから積分すると

$$\begin{aligned} z(s;t) &= t\frac{e^{-3s}}{3} + g(t) - \frac{t}{3} \\ &= \frac{Y(s;t)^2}{3X(s;t)} + \widehat{g}(t) = \frac{y^2}{3x} + \widehat{g}(t) \end{aligned}$$

が得られます．

A 特性基礎曲線が $xy = t$ で表されることを踏まえると，結局一般解は

$$z = \frac{y^2}{3x} + f(xy)$$

で表されることになります．

T そんなものでしょう．ただ，分野によっては，もっと簡便に解けばよいこともあると思います．

A ではやってみましょう．特性方程式として

$$\frac{dx}{x} = -\frac{dy}{y} = -\frac{dz}{y^2/x}$$

を扱います．左の等号に注目すると $ydx+xdy=0$ が得られますから $d(xy)=0$ を経て

$$xy = c_1$$

が導かれます．ここで c_1 は積分定数です．

B 次に右の等号に注目して $\dfrac{dy}{xy}=\dfrac{dz}{y^2}$ と変形し，c_1 を代入した

$\dfrac{y^2 dy}{c_1}=dz$ を経て

$$z = \frac{1}{3c_1}y^3 + c_2 = \frac{1}{3xy}y^3 + c_2 = \frac{y^2}{3x} + c_2$$

になります．c_2 も積分定数です．

A c_2 が積分定数ですから，一般解は

$$z = \frac{y^2}{3x} + f(xy)$$

で表されることになります．

T 分野にもよりますが応用上はそのような略記法でも問題ないかと思います．しかし，「わかった感」のためには，先述した特性基礎曲線などの議論が裏づけとしてあることは忘れてはならないと思います．

7.2 二つ目のお題（楕円形方程式の入口）

独立変数 x, y の関数 $\psi(x, y)$ は次の 2 階線型偏微分方程式を満足する．
$$A\frac{\partial^2 \psi}{\partial x^2} + B\frac{\partial^2 \psi}{\partial y^2} + C\frac{\partial \psi}{\partial x} + D\frac{\partial \psi}{\partial y} + E\psi = 0 \qquad (7.1)$$
ここに，A, B, C, D, E は定数とする．

(1) 偏微分方程式 (*) が楕円形であるための条件を示せ．

(2) $A = B = 1, C = D = 0, E > 0$ の場合を考える．領域 D は $-1 \leqq x \leqq 1$, $-1 \leqq y \leqq 1$ とする．$\psi(x, y)$ は D の境界上では 0 である．D の内部で $\psi(x, y)$ が 0 にならず，$(x, y) = (0, 0)$ において正の最大値（または負の最小値）をとる解を求めよ．またそのような解が得られるための E の値を求めよ．

京都大学大学院（改題）

7.2.1 小問 (1) の方針

B 定義の確認だけですね．

A (7.1) が楕円形であるためには，定義より $AB > 0$ が必要十分です．ちなみに，$AB < 0$ なら双曲形となります．

7.2.2 小問 (2) の方針

A (7.1) に $A = B = 1, C = D = 0$ を代入すると，

$$\frac{\partial^2 \psi}{\partial x^2} + \frac{\partial^2 \psi}{\partial y^2} + E\psi = 0 \tag{7.2}$$

となります．さて，ここからどうしようか．

B 領域が正方形だし，変数分離をしてみたら？

A $\psi(x,y) = X(x)Y(y)$ とおいて (7.1) に代入すると，

$$X_{xx}Y + XY_{yy} + EXY = 0$$

となります．ここで両辺を XY で割ると

$$\frac{X_{xx}}{X} = -\left(\frac{Y_{yy}}{Y} + E\right) \tag{7.3}$$

となります．ここで左辺は x だけの関数，右辺は y だけの関数ですから，この (7.3) 式の値は定数です．その値を $-\lambda^2$ とおくと…

T こら，そんな天下り的な書き方を….

A はいはい，(7.3) 式の負であることを示せばいいんですね．ではまず，その (7.3) 式の値が正の場合を考えます．定数の値を λ^2 とすると X は $\frac{X_{xx}}{X} = \lambda^2$ を満たす必要があります．$X_{xx} = \lambda^2 X$ となり，それを解くことによって

$$X = A\exp(\pm \lambda x)$$

となります．境界条件より $X(-1) = X(1) = 0$ ですから，$A = 0$ が導かれ，正の最大値または負の最小値を持つ解が存在することはありません．

また，$\lambda^2 = 0$ の場合は同様の議論により $X(x)$ は一次関数となりますが，やはり境界条件と最大・最小に関する条件を両立させる解は存在しません．ですから，(7.3) 式の定数値

は負であり $-\lambda^2$ と書くことができます．

A $\dfrac{X_{xx}}{X} = -\lambda^2$ ですから，$X_{xx} = -\lambda^2 X$ となり，それを解くことによって

$$X = A\cos\lambda x + B\sin\lambda x$$

と書くことができます[※1]．境界条件より $X(-1) = X(1) = 0$ ですから，

$$\begin{cases} 0 = A\cos(-\lambda) + B\sin(-\lambda) \\ 0 = A\cos\lambda + B\sin\lambda \end{cases}$$

が要求されることになります．この式を整理すると

$$\begin{cases} 0 = A\cos\lambda - B\sin\lambda \\ 0 = A\cos\lambda + B\sin\lambda \end{cases} \tag{7.4}$$

となります．(3) 式が 0 でない解を持つ必要十分条件は

$$\det\begin{vmatrix} \cos\lambda & -\sin\lambda \\ \cos\lambda & \sin\lambda \end{vmatrix} = 2\sin(2\lambda) = 0$$

ですから，$\lambda = \dfrac{n\pi}{2}$ ($n = 1, 2, \cdots$) が必要であることがわかります．

まず $n = 1$ の場合です．(7.4) 式に $\lambda = \pi/2$ を代入すると $B = 0$ が導かれますので，

$$X(x) = A\cos\left(\dfrac{\pi}{2}x\right)$$

です．$A \neq 0$ なら区間 $(-1, 1)$ において $X(x) \neq 0$ となり D の内部で $\psi \neq 0$ という条件と矛盾しません．

[※1] (7.1) 式の A, B とは違いますが，混同はしないでしょう．

次に $n=2$ のときを見ます．$\lambda=\pi$ を (7.4) 式に代入することにより $A=0$ が導かれますから，

$$X(x) = B\sin\left(\frac{\pi}{2}x\right)$$

となりますが，B の値によらず $X(0)=0$ となるので $\psi(0,y)=0$ となり，D の内部で $\psi \neq 0$ という条件をみたしません．

更に $n=3$ のときを見ます．(7.4) 式より $B=0$ が導かれますから，

$$X(x) = A\cos\left(\frac{3\pi}{2}x\right)$$

となり，A の値によらず $X(1/3)=0$ となるので，やはり D の内部で $\psi \neq 0$ という条件をみたしません．

B 同様の考察により，$n \geqq 2$ の場合，$X(x)$ は D の内部で $\psi \neq 0$ という条件をみたせません．よって

$$X(x) = A_1 \cos\left(\frac{\pi}{2}x\right)$$

でなければならないことになります．

A 次に Y 方向についてみます．$\dfrac{Y_{yy}}{Y}+E=\lambda^2$ に $\lambda=\dfrac{n\pi}{2}$ を代入し，

$$Y_{yy} = -(E-(\pi/2)^2)Y \tag{7.5}$$

と変形できます．ここで，(7.3) 式が負の値を取ることと同様の考察により，$E-(n\pi/2)^2 > 0$ であることが導かれます．

B 更に，先ほどの λ の値を決定したときと同様の議論を行うことにより，(7.5) 式の解は

$$Y(y) = C\cos\left(\frac{\pi}{2}y\right)$$

でなければならないことが導かれます．

したがって，(7.1) の解は任意定数 K を使って

$$\psi(x,y) = X(x)Y(y) = AC\cos\left(\frac{\pi}{2}x\right)\cos\left(\frac{\pi}{2}y\right)$$
$$= K\cos\left(\frac{\pi}{2}x\right)\cos\left(\frac{\pi}{2}y\right)$$

と表せることがわかります．

A 逆にこの関数を (7.1) に代入することにより，この関数が領域 D で (7.1) を満たすことがわかります．しかもその内部で零にならず，更に $K>0$ のときは $(0,0)$ で最大値をとり，$K<0$ のときは $(0,0)$ で最小値をとることもわかります．

B (7.1) に求まった ψ を代入することにより，

$$E = \frac{\pi^2}{2}$$

を得ます．

7.3 三つ目のお題（KdV 方程式）

さて，今までの 2 問は厳密解が求まりましたが，非斉次だったとは言え線型の偏微分方程式でした．これに対し非線型の方程式ともなれば求積は普通できません．しかし，非線型偏微分方程式でも厳密解が見つかる場合もあります．そのような問題で本章をしめたいと思います．

$u(t,x)$ に関する微分方程式
$$\frac{\partial u}{\partial t} - 6u\frac{\partial u}{\partial x} + \frac{\partial^3 u}{\partial x^3} = 0 \tag{7.6}$$
に対して以下の問に答えよ．

(1) $u(t,x)$ の変数 x に関する下記の積分量 $A_i(t)\,(i=1,2)$ が，変数 t に対して不変 $\left(\dfrac{d}{dt}A(t)=0\right)$ であることを示せ．ただし，$x=\pm\infty$ で $u, \dfrac{\partial u}{\partial x}, \dfrac{\partial^2 u}{\partial x^2}, \dfrac{\partial^3 u}{\partial x^3}, \cdots$ 等が全て 0 であるとする．

(a) $A_1 = \displaystyle\int_{-\infty}^{\infty} u(t,x)\,dx$

(b) $A_2 = \displaystyle\int_{-\infty}^{\infty} \frac{u^2}{2}\,dx$

(2) 偏微分方程式 (7.6) の解が
$$u(t,x) = -\frac{c}{2}\,\mathrm{sech}^2\left(\frac{\sqrt{c}}{\sqrt{2}}(x-ct-x_0)\right)$$
となることを以下の順序に従って導け．ただし，c は正の定数，x_0 は積分定数であり，$\mathrm{sech}(x) = \dfrac{2}{e^x+e^{-x}}$ である．

(a) $u(t,x) = u(x-ct)$ という形の解があると仮定し，独立変数 $z = x-ct$ の関数として $u(z)$ に対する常微分方程式に変換せよ．

(b) $z = \pm\infty$ で $u, \dfrac{\partial u}{\partial z}, \dfrac{\partial^2 u}{\partial z^2}, \dfrac{\partial^3 u}{\partial z^3}, \cdots$ 等が全て 0 であるという境界条件を利用して，$u(z)$ に対する常微分方程式を 2 回積分し，$\dfrac{du}{dz}$ に関する微分方程式を導け．

(c) 変数変換 $w = \sqrt{u+c/2}$ を行い，$-\sqrt{c/2} \leq u \leq 0$ として，w に対する常微分方程式を解き，$u(t,x)$ を求めよ．

東京大学大学院（改題）

7.3 小問 (1) の方針

T 実際の計算に入る前に，この問題で頻出する式変形を書いておきます． $u\dfrac{du}{dz}=\dfrac{1}{2}\dfrac{d}{dz}(u^2)$ と $u^2\dfrac{du}{dz}=\dfrac{1}{3}\dfrac{d}{dz}(u^3)$ です．高校数学で出てきそうな変形ですが，これによって，積分を外すことが随所にでてきます．

A まず (a) を扱います．

$$\begin{aligned}
\frac{dA_1}{dt} &= \int_{-\infty}^{\infty}\frac{\partial u(t,x)}{\partial t}dx \\
&= \int_{-\infty}^{\infty}\left(6u\frac{\partial u}{\partial x}-\frac{\partial^3 u}{\partial x^3}\right)dx \\
&= \int_{-\infty}^{\infty}3\left\{\frac{\partial}{\partial x}(u^2)\right\}dx - \int_{-\infty}^{\infty}\left\{\frac{\partial}{\partial x}\left(\frac{\partial^2 u}{\partial x^2}\right)\right\}dx \\
&= [3u]_{-\infty}^{\infty} - \left[\frac{\partial^2 u}{\partial x^2}\right]_{-\infty}^{\infty} = 0
\end{aligned}$$

T (a) 式は質量保存に対応しているとも解釈できます．

B 次に (b) を扱います．

$$\begin{aligned}
\frac{dA_2}{dt} &= \int_{-\infty}^{\infty}u\frac{\partial u(t,x)}{\partial t}dx \\
&= \int_{-\infty}^{\infty}u\left(6u\frac{\partial u}{\partial x}-\frac{\partial^3 u}{\partial x^3}\right)dx \\
&= \int_{-\infty}^{\infty}\left\{2\frac{\partial}{\partial x}(u^3)\right\}dx \\
&\quad -\left[\int_{-\infty}^{\infty}\left\{\frac{\partial}{\partial x}\left(u\frac{\partial^2 u}{\partial x^2}\right)\right\}dx - \int_{-\infty}^{\infty}\frac{\partial u}{\partial x}\frac{\partial^2 u}{\partial x^2}dx\right] \\
&= [2u^3]_{-\infty}^{\infty} - \left[u\frac{\partial^2 u}{\partial x^2}\right]_{-\infty}^{\infty} + \frac{1}{2}\int_{-\infty}^{\infty}\frac{\partial}{\partial x}\left\{\left(\frac{\partial u}{\partial x}\right)^2\right\}dx \\
&= [2u^3]_{-\infty}^{\infty} - \left[u\frac{\partial^2 u}{\partial x^2}\right]_{-\infty}^{\infty} + \frac{1}{2}\left[\left(\frac{\partial u}{\partial x}\right)^2\right]_{-\infty}^{\infty} = 0
\end{aligned}$$

7.3.2 小問（2）の方針

A （a）に入る前に $z=x-ct$ として $u=u(t,x)$ を書き直すとどうなるかを書き出すと

$$u(t,x)=u(z),\ \frac{\partial u}{\partial t}=-c\frac{du}{dz},\ \frac{\partial u}{\partial x}=\frac{du}{dz},$$

$$\frac{\partial^2 u}{\partial x^2}=\frac{\partial^2 u}{\partial z^2},\ \frac{\partial^3 u}{\partial x^3}=\frac{\partial^3 u}{\partial z^3}$$

となります．なお，$z=x-ct$ として変数を一つ減らした方程式の解は，同じ形が速度 c で移動することを表わすため，進行波解と言います．

B これらを (7.6) に代入して整理していくと：

$$\frac{\partial u}{\partial t}-6u\frac{\partial u}{\partial x}+\frac{\partial^3 u}{\partial x^3}$$
$$=\frac{\partial^3 u}{\partial z^3}-6u\frac{du}{dz}-c\frac{du}{dz}=0 \tag{7.7}$$

となりますのでこれが (a) の答えとなります．

A 次に (b) のために (1) 式を

$$\frac{d^3 u}{dz^3}-3\frac{d}{dz}(u^2)-c\frac{du}{dz}=0$$

と変形した上で一度 x で積分すると，D を積分定数として

$$\frac{d^2 u}{dz^2}-3u^2-cu=D$$

をとなります．

$z=\pm\infty$ で $u,\ \dfrac{\partial u}{\partial z},\ \dfrac{\partial^2 u}{\partial z^2},\ \dfrac{\partial^3 u}{\partial z^3},\ \cdots$ 等が全て 0 であるという境界条件を用いると，$D=0$ が得られ，1 度積分した結果は

$$\frac{d^2 u}{dz^2} - 3u^2 - cu = 0 \tag{7.8}$$

となります.

B もう一度積分するために $\dfrac{du}{dz}$ をかけて変形して

$$\frac{du}{dz}\frac{d^2 u}{dz^2} - 3u^2 \frac{du}{dz} - cu\frac{du}{dz}$$
$$= \frac{1}{2}\frac{d}{dz}\left(\frac{du}{dz}\right)^2 - \frac{d}{dz}(u)^3 - \frac{c}{2}\frac{d}{dz}(u)^2 = 0$$

を得ます.これを E を積分定数として積分すると

$$\frac{1}{2}\left(\frac{du}{dz}\right)^2 - u^3 - \frac{c}{2}u^2 = E$$

境界条件を考慮すると $E=0$ となり,結局

$$\frac{1}{2}\left(\frac{du}{dz}\right)^2 - u^3 - \frac{c}{2}u^2 = 0 \tag{7.9}$$

が (b) の答えとなります.

$w = \sqrt{u + c/2}$ とすると $u = w^2 - c/2$, $w^2 = u + c/2$, $\dfrac{du}{dz} = 2w\dfrac{dw}{dz}$ となります.これらを (7.9) に代入すると $\left(\dfrac{du}{dz}\right)^2 = u^2(u + c/2)$ を経て

$$\left(2w\frac{dw}{dz}\right)^2 = (w^2 - c/2)^2 w^2$$

となりますから,u の符号に留意して平方根をとると

$$2w\frac{dw}{dz} = \sqrt{2}\,(c/2 - w^2)w$$

となります.

A 整理し変形していくと

$$\sqrt{2}\,\frac{dw}{dz} = (c/2) - w^2$$

$$\frac{\sqrt{2}}{(c/2)-w^2}\,dw = dz$$

$$-\frac{1}{\sqrt{c}}\log\left|\frac{w+\sqrt{c/2}}{w-\sqrt{c/2}}\right| = z - z_0$$

$$\frac{w+\sqrt{c/2}}{w-\sqrt{c/2}} = \exp(-\sqrt{c}\,(z-z_0)) \qquad (7.10)$$

$$\frac{w+\sqrt{c/2}}{w-\sqrt{c/2}} - 1 = \exp(-\sqrt{c}\,(z-z_0)) - 1 \qquad (7.11)$$

$$\frac{1}{w-\sqrt{c/2}} = \frac{\exp(-\sqrt{c}\,(z-z_0))+1}{\sqrt{2c}}$$

$$w-\sqrt{c/2} = \frac{\sqrt{2c}}{\exp(-\sqrt{c}\,(z-z_0))+1}$$

となります．

B　w の定義と (7.10), (7.11) 式より

$$u = w^2 - \frac{c}{2} = \frac{w+\sqrt{c/2}}{w-\sqrt{c/2}} \cdot (w-\sqrt{c/2})^2$$

$$= -\exp(-\sqrt{c}\,(z-z_0))\left(\frac{-\sqrt{2c}}{\exp(-\sqrt{c}\,(z-z_0))+1}\right)^2$$

$$= -\frac{c}{2} \times \left(\frac{2}{\exp((\sqrt{c}/2)(z-z_0))+\exp(-(\sqrt{c}/2)(z-z_0))}\right)^2$$

$$= -\frac{c}{2}\,\mathrm{sech}^2\left\{\frac{\sqrt{c}}{2}(z-z_0)\right\}$$

$$= -\frac{c}{2}\,\mathrm{sech}^2\left\{\frac{\sqrt{c}}{2}(x-ct-z_0)\right\}$$

が得られます．

T　この問題の (7.6) の方程式は，底の影響も加味した水面波のモデルとしてコルテヴェーグ (D.J.Korteweg) とド・フリー

ス（G.de Vris）によって提唱された KdV 方程式と呼ばれる方程式です．今回求めた解は彼らによって求められた厳密解です．

　KdV 方程式はしばらく忘れられていましたが，コンピュータによる解析によって速い波が遅い波に追突するが，追突の前後でほとんど形が変わらない，というそれまでの常識を破る解が発見され，自由度無限大の完全積分系（平たく言えばソリトンの理論）が発展する礎となりました．今回のような泥臭い計算の必要性については疑問を持たれる方も居られるでしょうけれどもたとえば，岩波の現代数学への入門講座でこの辺を扱っているのが [9]「よみがえる 19 世紀数学」という章であるように，本誌の読者諸君にふさわしいものであり，単なる懐古趣味と切って捨てるわけには行かないと思って選びました．

参考文献
[1] 東京図書編集部編，『詳解 大学院への数学（改訂新版）』，東京図書，1992
[2] 姫野俊一・陳啓浩著，『演習 大学院入試問題 [数学] I（第二版）』，サイエンス社，1997
[3] 姫野俊一・陳啓浩著，『大学院別入試問題と解法 [数学] I』，サイエンス社，1998
[4] 姫野俊一・陳啓浩著，『大学院別入試問題と解法 [数学] II』，サイエンス社，1998
[5] 姫野俊一・陳啓浩著，『解法と演習 工学系大学院入試問題〈数学・物理学〉』，サイエンス社，2003
[6] 千葉逸人，『これならわかる工学部で学ぶ数学（改訂増補版）』，プレアデス

出版(現代数学社発売),2004
[7] 俣野博,『微分方程式 II』,岩波講座 応用数学,1994
[8] 俣野博・神保道夫,『熱・波動と微分方程式』,岩波講座 現代数学への入門,1996
[9] 上野健爾・砂田利一・深谷賢治・神保道夫,『現代数学の流れ 1』,岩波講座 現代数学への入門,1996
[10] 戸田盛和,『非線形波動とソリトン』,日本評論社,2000

第 8 話

フーリエ解析の入口に立つ

B　今回はフーリエ (Fourier) 展開ですか.

T　フーリエ展開は偏微分方程式の求積から始まりましたが,現代では非常に広い分野の入口となっています.たとえば,関数解析では抽象的な意味で"フーリエ係数"という言葉を使います.その例から入りましょう.

8.1 一つ目のお題（フーリエ係数と線型代数）

> X は内積 $\langle \, , \, \rangle$ を持つ線型空間，$e_1, e_2, \cdots, e_n$ は X の正規直交列，V は $e_1, e_2, \cdots, e_n$ の張る X の部分空間，x は X の元，α_i はこの正規直交列に関する x のフーリエ係数とする．この時，次の命題（イ），（ロ）が成立することを示せ．
>
> （イ）$x - \sum_{i=1}^{n} \alpha_i e_i$ は V と直交する．
>
> （ロ）任意の実数 $\beta_1, \beta_2, \cdots, \beta_n$ に対して，
> $$\left\| x - \sum_{i=1}^{n} \alpha_i e_i \right\| \leqq \left\| x - \sum_{i=1}^{n} \beta_i e_i \right\|.$$
>
> 津田塾大学大学院（改題）

8.1.1 命題（イ）の方針

T 本当は，「内積 $\langle \, , \, \rangle$ を持つ線型空間」についてもきちんと復習すべきでしょうけど，本書では省略します．さて，「正規直交列」は覚えていますか？

A 「正規直交列」とは，内積 $\langle \, , \, \rangle$ を持つ線型空間の元の列で，$\langle e_i, e_j \rangle = \delta_{ij}$ となる列のことです．ここで，δ_{ij} はクロネッカー（Kronecker）のデルタ[※1]です．

T では，フーリエ係数はどうですか？

[※1] $\delta_{ij} = \begin{cases} 1 & (i = j) \\ 0 & (i \neq j) \end{cases}$

A　内積 $\langle\ ,\ \rangle$ を持つ線型空間の元 x の「フーリエ係数」とは正規直交列の元 e_i に対し，$\alpha_i = \langle x, e_i \rangle$ で与えられる数 α_i $(i = 1, 2, \cdots, n)$ のことです．

B　以上の定義も含め線型代数の復習のようなものですが，実際に計算して見ましょう．

$\forall j \in \{1, 2, \cdots, n\}$ に対し

$$\left\langle x - \sum_{i=1}^{n} \alpha_i e_i, e_j \right\rangle = \langle x, e_j \rangle - \sum_{i=1}^{n} \langle \alpha_i e_i, e_j \rangle$$
$$= \langle x, e_j \rangle - \sum_{i=1}^{n} \alpha_i \delta_{ij} = \alpha_j - \alpha_j = 0$$

となりますから，たしかに，$x - \sum_{i=1}^{n} \alpha_i e_i$ は $e_1, e_2, \cdots, e_n$ の張る部分空間，すなわち V と直交します．

8.1.2　命題（ロ）の方針

A　ノルムが内積で表すことができることと（イ）の結果を使って実際に計算すると：

$$\left\|x-\sum_{i=1}^{n}\beta_{i}e_{i}\right\|^{2}=\left\|x-\sum_{i=1}^{n}\beta_{i}e_{i}+\sum_{i=1}^{n}\alpha_{i}e_{i}-\sum_{i=1}^{n}\alpha_{i}e_{i}\right\|^{2}$$

$$=\left\langle x-\sum_{i=1}^{n}\beta_{i}e_{i}+\sum_{i=1}^{n}\alpha_{i}e_{i}-\sum_{i=1}^{n}\alpha_{i}e_{i},\right.$$
$$\left. x-\sum_{i=1}^{n}\beta_{i}e_{i}+\sum_{i=1}^{n}\alpha_{i}e_{i}-\sum_{i=1}^{n}\alpha_{i}e_{i}\right\rangle$$

$$=\left\langle x-\sum_{i=1}^{n}\alpha_{i}e_{i}+\sum_{i=1}^{n}(\alpha_{i}-\beta_{i})e_{i},\right.$$
$$\left. x-\sum_{i=1}^{n}\alpha_{i}e_{i}+\sum_{i=1}^{n}(\alpha_{i}-\beta_{i})e_{i}\right\rangle$$

$$=\left\langle x-\sum_{i=1}^{n}\alpha_{i}e_{i},x-\sum_{i=1}^{n}\alpha_{i}e_{i}\right\rangle$$
$$+\left\langle x-\sum_{i=1}^{n}\alpha_{i}e_{i},\sum_{i=1}^{n}(\alpha_{i}-\beta_{i})e_{i}\right\rangle$$
$$+\left\langle \sum_{i=1}^{n}(\alpha_{i}-\beta_{i})e_{i},x-\sum_{i=1}^{n}\alpha_{i}e_{i}\right\rangle$$
$$+\left\langle \sum_{i=1}^{n}(\alpha_{i}-\beta_{i})e_{i},\sum_{i=1}^{n}(\alpha_{i}-\beta_{i})e_{i}\right\rangle$$
$$=\left\|x-\sum_{i=1}^{n}\alpha_{i}e_{i}\right\|^{2}+\left\|\sum_{i=1}^{n}(\alpha_{i}-\beta_{i})e_{i}\right\|^{2}\geqq\left\|x-\sum_{i=1}^{n}\alpha_{i}e_{i}\right\|$$

が得られます.

B この,

$$\|x-\sum_{i=1}^{n}\beta_{i}e_{i}\|^{2}=\|x-\sum_{i=1}^{n}\alpha_{i}e_{i}\|^{2}+\|\sum_{i=1}^{n}(\alpha_{i}-\beta_{i})e_{i}\|^{2}$$

は三平方の定理の拡張と捉えることができます.

8.2 二つ目のお題（無限級数への応用）

T 次は定番である，特定の周期関数を三角級数展開した上で無限級数の計算に応用する問題を扱います．

関数 $f(x)$ が
$$f(x) = \begin{cases} -\ell & (-\ell < x < 0) \\ x & (0 < x < \ell) \end{cases}$$
で定義されている．
(1) $f(x)$ を $-\ell < x < \ell$ の区間で周期 2ℓ の実フーリエ級数に展開せよ．
(2) 上の結果を用いて
$$\sum_{n=1}^{\infty} \frac{1}{(2n-1)^2} = \frac{\pi^2}{8}$$
となることを示せ．

8.2.1 小問（1）の方針

B 普通使われる実フーリエ級数は，周期 2π の実関数を

$$f(x) = \frac{a_0}{2} + \sum_{n=1}^{\infty} (a_n \cos nx + b_n \sin nx)$$

の形に展開することです．ここで，

$$a_n = \frac{1}{\pi} \int_{-\pi}^{\pi} f(x) \cos nx \, dx \quad (n = 0, 1, 2, \cdots)$$
$$b_n = \frac{1}{\pi} \int_{-\pi}^{\pi} f(x) \sin nx \, dx \quad (n = 1, 2, \cdots)$$

です．

A 周期 2ℓ の実フーリエ級数だから，

$$f(x) = \frac{a_0}{2} + \sum_{n=1}^{\infty}\left(a_n\cos\frac{n\pi x}{\ell} + b_n\sin\frac{n\pi x}{\ell}\right)$$

の形に展開するわけです．また，a_n, b_n も

$$a_n = \frac{1}{\ell}\int_{-\ell}^{\ell} f(x)\cos\frac{n\pi x}{\ell}dx \quad (n=0,1,2,\cdots)$$

$$b_n = \frac{1}{\ell}\int_{-\ell}^{\ell} f(x)\sin\frac{n\pi x}{\ell}dx \quad (n=1,2,\cdots)$$

と変わります．実際の計算を書き下していくと：

$$a_0 = \frac{1}{\ell}\int_{-\ell}^{\ell} f(x)dx = \frac{1}{\ell}\left\{\int_{-\ell}^{0}(-\ell)dx + \int_{0}^{\ell} x dx\right\}$$

$$= -\ell + \frac{\ell}{2} = -\frac{\ell}{2}$$

$$a_n = \frac{1}{\ell}\int_{-\ell}^{\ell} f(x)\cos\frac{n\pi x}{\ell}dx$$

$$= \frac{1}{\ell}\left\{\int_{-\ell}^{0}\left(-\ell\cos\frac{n\pi x}{\ell}\right)dx + \int_{0}^{\ell} x\cos\frac{n\pi x}{\ell}dx\right\}$$

$$= -\frac{\ell}{n\pi}\left[\sin\frac{n\pi x}{\ell}\right]_{-\ell}^{0} + \frac{1}{\ell}\left\{\left[\frac{\ell}{n\pi} x\sin\frac{n\pi x}{\ell}\right]_{0}^{\ell} - \frac{\ell}{n\pi}\int_{0}^{\ell}\sin\frac{n\pi x}{\ell}dx\right\}$$

$$= \frac{\ell}{(n\pi)^2}(\cos n\pi - 1) = \frac{\ell}{(n\pi)^2}\{(-1)^n - 1\}$$

$$b_n = \frac{1}{\ell}\int_{-\ell}^{\ell} f(x)\sin\frac{n\pi x}{\ell}dx$$

$$= \frac{1}{\ell}\left\{\int_{-\ell}^{0}\left(-\ell\sin\frac{n\pi x}{\ell}\right)dx + \int_{0}^{\ell} x\sin\frac{n\pi x}{\ell}dx\right\}$$

$$= \frac{\ell}{n\pi}\left[\cos\frac{n\pi x}{\ell}\right]_{-\ell}^{0} + \frac{1}{\ell}\left\{\left[\frac{\ell}{n\pi} x\cos\frac{n\pi x}{\ell}\right]_{0}^{\ell} - \frac{\ell}{n\pi}\int_{0}^{\ell}\cos\frac{n\pi x}{\ell}dx\right\}$$

$$= \frac{\ell}{n\pi}\{1-(-1)^n\} + \frac{1}{\ell}\left\{-\frac{\ell^2}{n\pi}(-1)^n\right\}$$

$$= \frac{\ell}{n\pi}\{1-2(-1)^n\}$$

となるので,

$$f(x) = -\frac{\ell}{4} + \sum_{n=1}^{\infty} \frac{\ell\{(-1)^n - 1\}}{(n\pi)^2} \cos\frac{n\pi x}{\ell} \\ + \sum_{n=1}^{\infty} \frac{\ell\{1 - 2(-1)^n\}}{n\pi} \sin\frac{n\pi x}{\ell} \quad (8.1)$$

が実フーリエ展開となります.

T ちなみに,周期 2ℓ の周期関数をフーリエ展開することは,周期 2ℓ の周期関数を関数の積を区間 $(-\ell, \ell)$ で積分したものをその内積とし,$\frac{1}{2\ell}, \cos\left(\frac{n\pi}{\ell}\right), \sin\left(\frac{n\pi}{\ell}\right)$ $(n = 1, 2, \cdots)$ を正規直交列とする線形空間だと捉えると「わかった感」につながると思います.

8.2.2 小問 (2) の方針

A フーリエ級数の性質より不連続点では,もとの関数の右極限と左極限の平均に収束しますから,(8.1) の左辺は

$$\frac{f(0-0) + f(0+0)}{2} = \frac{-\ell + 0}{2} = -\frac{\ell}{2} \quad (8.2)$$

です.また,(8.1) 式の右辺に $x = 0$ を代入し,sin の項と,cos の偶数番目の項が消えることを使うと

$$-\frac{\ell}{4} + \sum_{n=1}^{\infty} \frac{\ell}{(n\pi)^2}\{(-1)^n - 1\} \\ = -\frac{\ell}{4} + \sum_{n=1}^{\infty} \frac{-2\ell}{(\pi)^2} \times \frac{1}{(2n-1)^2} \quad (8.3)$$

が得られます.(8.3) 式に (8.2) 式を代入して整理すると

$$\sum_{n=1}^{\infty} \frac{1}{(2n-1)^2} = \frac{\pi^2}{8}$$

を得られます．

T　方針が間違っているわけではありませんから，人によっては，これで「わかった感」を感じる人もいるでしょうけれども，「フーリエ級数の性質より」で終わらせている (8.2) の論拠がわからないと「わかった感」を感じない人もいるでしょう．

A　考えていたのは，ディリクレ-ジョルダン (Dirichlet-Jordan) の定理，すなわち「関数 $f(x)$ が 2π を周期とする有界変動関数ならば，そのフーリエ級数は $\frac{1}{2}[f(x+0)+f(x-0)]$ に収束する．」です．

B　「有界変動関数」[※2] とは何か，とか，この収束はどの意味の収束[※3] かとかも書く必要があるでしょうか．

T　結局，自分の「わかった感」のためには，どこまで明記するのか，ということだと思います．また，実際の試験でどこまで詳しく書くかは，時間やスペースとの相談でしょう．しかし，省略するにしても，ちゃんと分かっているが時間やスペースの関係で省略しているのだと言うことが採点者に通じ

[※2]　「区間 $[a,b]$ で定義されている関数 $f(x)$ が有界変動関数」であるとは，"区間 $[a,b]$ の任意の分割 $a_0=a<a_1<a_2<\cdots a_n=b$ に対し $\sum_{i=1}^{n}|f(a_i)-f(a_{i-1})|$ が有界，すなわち分割によらず一定の値を超えない" という性質を持つことです．

[※3]　ディリクレ-ジョルダンの定理が保障する収束は各点収束です．

るような書き方が望ましいだろうと個人的には思います．

8.3 三つ目のお題（三角関数による近似と不連続点）

T 今までの二つの問題を更に掘り下げる問題で今回を締めましょう．

関数
$$f(x) = \begin{cases} \dfrac{\pi}{2}\left(1 - \dfrac{x}{2}\right) & (0 < x \leqq \pi) \\ 0 & (x = 0) \\ -f(-x) & (-\pi \leqq x < 0) \end{cases}$$
が与えられているとき，3次の三角多項式
$$T(x) = \frac{1}{2}a_0 + \sum_{k=1}^{3}(a_k \cos kx + b_k \sin kx)$$
で $f(x)$ を次の意味で近似したい．
$$d(f, T) = \left\{\frac{1}{\pi}\int_{-\pi}^{\pi}|f(x) - T(x)|^2\right\}^{1/2}$$
次の問いに答えよ．

(1) $T(x)$ をどのように選ぶとき，最良の近似が得られるか，係数 a_k, b_k および $T(x)$ を求めよ．

(2) (1)における $d(f, T)$ の値を求めよ．

慶應義塾大学大学院（改題）

8.3.1 小問 (1) の方針

A フーリエ係数を計算すれば良いです．$f(x)$ が奇関数であることを利用しながら実際に計算すると：

$$\hat{a}_k = \frac{1}{\pi}\int_{-\pi}^{\pi} f(x)\cos kx\, dx = 0 \quad (k=0,1,2,3,\cdots)$$

$$\hat{b}_k = \frac{1}{\pi}\int_{-\pi}^{\pi} f(x)\sin kx\, dx$$
$$= \frac{2}{\pi}\int_0^{\pi} \frac{\pi}{2}\left(1-\frac{x}{\pi}\right)\sin kx\, dx = \frac{1}{k} \quad (k=1,2,3,\cdots)$$

となるので，

$$T(x) = \frac{1}{2}\hat{a}_0 + \sum_{k=1}^{3}(\hat{a}_k \cos kx + \hat{b}_k \sin kx)$$
$$= \sin x + \frac{1}{2}\sin 2x + \frac{1}{3}\sin 3x$$

が求めるものです．

T 方針が間違っているわけでは，なぜこのように決めると $d(f, T)$ が最小になるかを押さえないと，「わかった感」はないでしょうし，院試の採点でも減点でしょうね．

B 愚直に計算しましょう．d の定義式を二乗して展開すると

$$d(f,T)^2 = \frac{1}{\pi}\int_{-\pi}^{\pi}\{f(x)\}^2 dx$$
$$- \frac{2}{\pi}\int_{-\pi}^{\pi} f(x)T(x)dx + \frac{1}{\pi}\int_{-\pi}^{\pi}\{T(x)\}^2 dx \quad (8.4)$$

です．さて，$T(x)$ の係数 a_k ($k=0,1,2,3$), b_k ($\ell=1,2,3$) を任意に決めます．更に $\hat{a}_k$ ($k=0,1,2,3$), $\hat{b}_k$ ($\ell=1,2,3$) を先ほどのように決めるとします．すると

$$\frac{1}{\pi}\int_{-\pi}^{\pi}f(x)\,T(x)\,dx$$
$$=\frac{a_0}{2}\frac{1}{\pi}\int_{-\pi}^{\pi}f(x)\,dx+\sum_{k=1}^{3}a_k\int_{-\pi}^{\pi}f(x)\cos kx\,dx$$
$$+\sum_{k=1}^{3}b_k\int_{-\pi}^{\pi}f(x)\sin kx\,dx$$
$$=\frac{a_0\hat{a}_0}{2}+\sum_{k=1}^{3}(a_k\hat{a}_k+b_k\hat{b}_k),$$
$$\frac{1}{\pi}\int_{-\pi}^{\pi}\{T(x)\}^2\,dx$$
$$=\frac{1}{\pi}\int_{-\pi}^{\pi}\Bigl\{\frac{1}{2}a_0+\sum_{k=1}^{3}(a_k\cos kx+b_k\sin kx)\Bigr\}^2\,dx$$
$$=\sum_{1\leq k,\ell\leq 3}\frac{a_k a_\ell}{\pi}\int_{-\pi}^{\pi}\cos kx\sin\ell x\,dx$$
$$+\sum_{1\leq k,\ell\leq 3}\frac{a_k b_\ell}{\pi}\int_{-\pi}^{\pi}\cos kx\sin\ell x\,dx$$
$$+\sum_{1\leq k,\ell\leq 3}\frac{b_k b_\ell}{\pi}\int_{-\pi}^{\pi}\sin kx\sin\ell x\,dx$$
$$+\frac{a_0^2}{4\pi}\int_{-\pi}^{\pi}dx+\sum_{k=0}^{3}\frac{a_0 a_k}{2\pi}\int_{-\pi}^{\pi}\cos kx\,dx$$
$$+\sum_{k=0}^{3}\frac{a_0 b_k}{2\pi}\int_{-\pi}^{\pi}\sin kx\,dx$$
$$=\frac{a_0^2}{2}+\sum_{k=1}^{3}(a_k^2+b_k^2)$$

となりますから，(8.4) に代入して整理すると，

$$d(f,T)^2=\frac{1}{\pi}\int_{-\pi}^{\pi}\{f(x)\}^2\,dx-\Bigl\{\frac{\hat{a}_0^2}{2}+\sum_{k=1}^{3}(\hat{a}_k^2+\hat{b}_k^2)\Bigr\}$$
$$+\frac{(a_0-\hat{a}_0)^2}{2}+\sum_{k=1}^{3}\{(a_k-\hat{a}_k)^2+(b_k-\hat{b}_k)^2\}$$

が得られます．明らかに，$a_k = \hat{a}_k, b_\ell = \hat{b}_\ell$ ($k = 1, 2, 3$; $\ell = 0, 1, 2, 3$) のとき $d(f, T)$ は最小となります．

T 計算が間違っているわけではないので，これで悪いわけではありませんが，先ほどのお題を踏まえるともっとスマートに書けませんか？

B 区間 $[-\pi, \pi]$ で二乗可積分な関数の集合に内積を $\langle f, g \rangle = \int_{-\pi}^{\pi} f(x) \overline{g(x)} dx$ で定義した内積空間を $L^2(-\pi, \pi)$ ※4 と書くと，d は $L^2(-\pi, \pi)$ における f と T の距離です．また三角多項式の各項 $\sin kx$ ($k = 1, 2, \cdots$)，$\cos \ell x$ ($\ell = 0, 1, 2, \cdots$) は $L^2(-\pi, \pi)$ における正規直交基底をなしています．これらのことを踏まえると，第一のお題で示したことがそのまま使えます．

T 線型代数で学んだことがこの様な形で広がりをもつことは数学の諸分野が色々なつながり方をしている，という意味で「わかった感」を増強してくれると思います．

8.3.2 小問 (2) について

A 愚直に計算していきます．

$$\frac{1}{\pi} \int_{-\pi}^{\pi} \{f(x)\}^2 = \frac{2}{\pi} \int_0^{\pi} \frac{\pi^2}{4} \left(1 - \frac{x}{\pi}\right)^2 dx = \frac{\pi^2}{6}$$

と $\hat{a}_k = 0$ ($k = 0, 1, 2, 3$), $\hat{b}_k = \dfrac{1}{\ell}$ ($\ell = 1, 2, 3$) を (8.4) 式に代

※4 このあたりの表現はかなり雑な書き方をしています．きちんと知りたい方はしかるべき関数解析の本で確認してください．特に [10] はフーリエ解析をふまえた関数解析の入門書として定評があります．

入し
$$d(f,T)^2 = \frac{\pi^2}{6} - \sum_{k=1}^{3} \hat{b}_k^2$$
$$= \frac{\pi^2}{6} - \left(1 + \frac{1}{4} + \frac{1}{9}\right) = \frac{6\pi^2 - 49}{36}$$

故に
$$d(f,T) = \frac{\sqrt{6\pi^2 - 49}}{6}$$

となります．

T 問題の答えとしてはそれで良いと思いますが，発展的な話題のために，グラフを描いてみます．$f(x)$ のグラフの $x=0$ には不連続点があるのですが，それを波の重ねあわせである三角多項式がどのように近似しているのか，少し図を書いて見ましょう．

A sin, cos の第 n 項までの和を
$s_n(x) = \sum_{i=0}^{n} \hat{a}_i \cos nx + \sum_{i=0}^{n} \hat{b}_i \sin nx$ のように書くことにして小問 (2) の解である第 3 項までの和 $s_3(x)$ と第 20 項までの和 $s_{20}(x)$ をグラフに描くと図 8.1 のようになります．

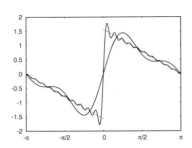

図 8.1 第 3 項までの和 $s_3(x)$，
第 20 項までの和 $s_{20}(x)$ と $f(x)$

T このように,フーリエ級数での近似では不連続点の前後で振動が起きます.項数が増えれば振動する幅は狭くなりますが,誤差そのものは一定値以下にはなりません.この現象をギブス(Gibbs)の現象と呼び,どのように押さえ込むかは応用する上で重要な問題となります.

B 岩波数学辞典[12]では,第 n 項までの部分和 $s_n(x) = \sum_{i=0}^{n} \hat{a}_i \cos nx + \sum_{i=1}^{n} \hat{b}_i \sin nx$ をそのまま使うと振動がおきるが,フェエル(Fejér)[※5]の平均と言われる $\sigma_n(x) = \sum_{i=0}^{n} s_n(x)/(n+1)$ ではこの現象が起きないとされています.図に描いて確かめてみると図4.2のようになります.振動が押さえこまれた代わりに全体的に離れていることがわかります.このことは,$d(f, T)$ の意味で「最良の近似」と実際の応用での活用にギャップがあると言うことでもあります.端的に言うと,$d(f, T)$ の意味での「最良の近似」は差の2乗の積分の近似ですから,いうなれば区間全体の誤差の総和を最小にしているわけです.それに対し,素朴な感覚での「近似」は特定の独立変数の値に対する従属変数の具体的な値が知りたいためのものなので,不連続点などがあれば,ギャップが発生するわけです.別の言い方をすると,無限級数として収束するからと言って有限部分和で素朴に代用することは,危険性をはらんでいるとも言うことができます.

このあたりの機微を扱うのが「数値解析」であり,次章でさ

[※5] 慣用的に「フェエル」と書きます.ハンガリー人なので,本当は「ファイエ」に近いらしいです.

らに掘り下げます.

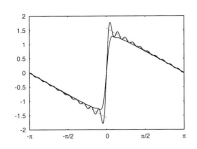

図 8.2　第 20 項までのフーリエ級数 $s_{20}(x)$,
　　　　フェエルの平均 $\sigma_{20}(x)$ と $f(x)$

参考文献

[1] 梶原壌二 著,『改訂増補 新修解析学』, 現代数学社, 2005
[2] 東京図書編集部編,『詳解 大学院への数学（改訂新版）』, 東京図書, 1992
[3] 姫野俊一・陳啓浩著,『演習 大学院入試問題 [数学] I（第二版）』, サイエンス社, 1997
[4] 姫野俊一・陳啓浩著,『演習 大学院入試問題 [数学] II（第二版）』, サイエンス社, 1997
[5] 姫野俊一・陳啓浩著,『大学院別入試問題と解法 [数学] I』, サイエンス社, 1998
[6] 姫野俊一・陳啓浩著,『大学院別入試問題と解法 [数学] II』, サイエンス社, 1998
[7] 姫野俊一・陳啓浩著,『解法と演習 工学系大学院入試問題〈数学・物理学〉』, サイエンス社, 2003
[8] 木村英紀,『Fourier-Laplace 解析』, 岩波講座 応用数学, 1993
[9] 高橋陽一郎,『実関数と Fourier 解析 1』, 岩波講座 現代数学の基礎, 1998
[10] 黒田成俊,『関数解析』, 共立数学講座, 1980
[11] 一松信,『解析学序説（上）』, 裳華房, 1971
[12] 日本数学会編,『岩波数学辞典 第三版』, 1985

第 9 話

数値解析の入口に立つ

A 今回は数値解析ですか.

B 「解析」とは言うものの,普通言う解析学とは少しイメージが違いますし,それほど院試に出題されてもいませんが….

T 確かにその通りなのですが,逆に実際に色々な計算をするときの重要な道具でもありますし,意外と色んな話題が応用されていることもあり,丁寧な誘導がついていることが多いようなのでねらい目かとも考えて題材に選びました.数値解析の知識が一般化していないということの表れかも知れないと思うと,そのような基礎知識への軽視と言う意味で一抹の寂しさも感じないではないですが….

9.1 一つ目のお題（ニュートン法）

> 関数 $f(x)$ は区間 $[a, b]$ において C^2 級で，$f'(x)>0$，$f''(x)<0$ かつ $f(a)<0, f(b)>0$ とする．このとき，
> $$x_1 = a, \quad x_{n+1} = x_n - \frac{f(x_n)}{f'(x_n)} \quad (n=1,2,3,\cdots)$$
> とおくと，数列 $\{x_n\}$ は収束し，その極限値 α は $f(\alpha)=0$ を満たすことを証明せよ．
> 東京工業大学大学院 改題

2.1 方針

A いわゆるニュートン（Newton）法という奴ですね．

B まず $f(x)=0$ の解の存在と一意性について押さえておくと，$f(a)<0, f(b)>0$ および $[a,b]$ で C^2 級で $f'(x)>0$ より，$f(x)=0$ は区間 $[a,b]$ において唯一の根 $c\in[a,b]$ をもつことがわかります．

A さて，$x_{n+1} = x_n - \dfrac{f(x_n)}{f'(x_n)}$ で数列 $\{x_n\}$ を決めるということは，幾何的な意味を考えると，$y=f(x)$ のグラフが x 軸をよぎる点の座標を求めるために，$(x_k, f(x_k))$ を通る $y=f(x)$ の接線 ℓ_k，つまり傾き $f'(x_k)$ の直線が x 軸をよぎる点の座標を求めて x_{k+1} としていることになります．さらに，区間 $[a,b]$ において $f''(x)<0$ という条件から，接線 ℓ_k は $y=f(x)$ のグラフより上方にあることがわかり $f(x_k)<0$ なら $x_k < x_{k+1}$，$f(x_k)>0$ なら $x_k > x_{k+1}$ を導出できます．

B 以上により，$\{x_k\}$ は単調増加でしかも b を上界として持ちますから，極限値 $\lim_{k \to \infty} x_k$ が存在するので，それを α と書くことにして漸化式に代入すると，$\alpha = \alpha - \dfrac{f(\alpha)}{f'(\alpha)}$ となるので，$f(\alpha) = 0$ が導かれます．

T 証明は省略しますがニュートン法は，もっと緩やかな条件の下で解に収束しますし，解の近くでは非常に早く収束する方法であることも証明できることもあり，実用面でよく使われます．

9.2 二つ目のお題（リッツ法と差分法）

$y\left(\dfrac{2}{3}\pi\right) = y\left(-\dfrac{2}{3}\pi\right) = 0$ の境界条件のもとで微分方程式 $y'' + y = x$ の近似解を求め，厳密解と比較したい．

(1) 変分法におけるリッツ法を用いて近似解を求めよ．ただし，基底関数として $x\left\{\left(\dfrac{2}{3}\pi\right)^2 - x^2\right\}$ の 1 項近似を用いよ．

なお，与えられた微分方程式を解くことは，汎関数

$$J[y] = \int_{-2\pi/3}^{2\pi/3} \{(y')^2 - y^2 + 2xy\} dx$$

を最小にすることと同等である．

(2) 区間 $-\dfrac{2}{3}\pi \leqq x \leqq \dfrac{2}{3}\pi$ を 4 等分して差分法による近似解を求めよ．なお，i 点の差分近似は次式で与えられるものとする．

$$y'_i \fallingdotseq \dfrac{y_i - y_{i-1}}{h}, \quad y''_i \fallingdotseq \dfrac{y_{i+1} - 2y_i + y_{i-1}}{h^2}$$

(3) 微分方程式の厳密解を求め，$x = \dfrac{\pi}{3}$ において，(1) および (2) で得られた近似解と比較し，結果について考察せよ．

東京大学大学院（改題）

9.2.1 小問 (1) の方針

B 問題の誘導に従い，与えられた微分方程式が汎関数

$$J[y] = \int_{-2\pi/3}^{2\pi/3} \{(y')^2 - y^2 + 2xy\} dx$$

のオイラー (Euler) 方程式として得られることは既知として進めます．

T リッツ (Ritz) の方法とはどのような方法ですか．

B 基底関数の線型結合のうち，汎関数の最小値を与えるものを近似解として採用しようとする方法です．基底関数の線型結合の係数で，汎関数を偏微分し，その零点を与える線形係数で近似解を決定する方法です．

A 基底関数は 1 項なので，その係数を c として，

$$\hat{y} = cx\left\{\left(\dfrac{2\pi}{3}\right)^2 - x^2\right\}$$

とおくことにします．$\hat{y}' = c\left\{\left(\dfrac{2\pi}{3}\right)^2 - 3x^2\right\}$ となるので，汎関数に代入すると，

$$J[\hat{y}] = \int_{-2\pi/3}^{2\pi/3} \Bigg[c^2\left\{\left(\dfrac{2\pi}{3}\right)^2 - 3x^2\right\}^2$$
$$- c^2 x^2 \left\{\left(\dfrac{2\pi}{3}\right)^2 - x^2\right\}^2 + 2x \times cx\left\{\left(\dfrac{2\pi}{3}\right)^2 - x^2\right\} \Bigg] dx$$
$$= 2\left[c^2 \left\{ -\left(\dfrac{2\pi}{3}\right)^7 \times \dfrac{8}{105} + \left(\dfrac{2\pi}{3}\right)^5 \times \dfrac{4}{5}\right\} + c\left(\dfrac{2\pi}{3}\right)^5 \times \dfrac{4}{15}\right]$$

となります．

B これを使って $\dfrac{\partial J}{\partial c}$ を求めると

$$\dfrac{\partial J}{\partial c}=2\left[2c\left\{-\left(\dfrac{2\pi}{3}\right)^7\times\dfrac{8}{105}+\left(\dfrac{2\pi}{3}\right)^5\times\dfrac{4}{5}\right\}\right.$$
$$\left.+\left(\dfrac{2\pi}{3}\right)^5\times\dfrac{4}{15}\right]$$

となりますから，$\dfrac{\partial J}{\partial c}=0$ となる c を求めると

$$c=\dfrac{1}{6\left\{-1+\left(\dfrac{2\pi}{3}\right)^2\times\dfrac{2}{21}\right\}}$$

となり，近似解は

$$y=\dfrac{1}{6\{-1+(2/21)(2\pi/3)^2\}}x\left\{\left(\dfrac{2\pi}{3}\right)^2-x^2\right\}$$

となります．

9.2.2　小問 (2) の方針

B　区間 $-2\pi/3\leqq x\leqq 2\pi/3$ を 4 等分する点 $x_i\,(i=1,2,3)$ は $x_1=-\pi/3,\,x_2=0,\,x_3=\pi/3$ です．それらの点での近似値をそれぞれ y_1,y_2,y_3 と置き，$y''+y=x$ に差分式を適用し，境界条件を代入することにより

$$\begin{cases}\dfrac{y_2-2y_1+0}{(\pi/3)^2}+y_1=-\dfrac{\pi}{3}\\[2mm]\dfrac{y_3-2y_2+y_1}{(\pi/3)^2}+y_2=0\\[2mm]\dfrac{0-2y_3+y_2}{(\pi/3)^2}+y_3=\dfrac{\pi}{3}\end{cases}$$

という連立方程式が得られます．

A 地道にこれを解くと,

$$\begin{cases} y_1 = -\dfrac{(\pi/3)^3}{(\pi/3)^2-2} \\ y_2 = 0 \\ y_3 = \dfrac{(\pi/3)^3}{(\pi/3)^2-2} \end{cases}$$

が得られます．

9.2.3　小問（3）の前半の方針（厳密解）

B 視察でわかるように $y=x$ は $y''+y=x$ を満たします．また，余関数は $A\exp(ix)+B\exp(-ix)$ ととれますから，一般解は $A\exp(ix)+B\exp(-ix)+x$ です．

A 境界条件を代入すると

$$\begin{cases} A\exp\left(i\dfrac{2\pi}{3}\right)+B\exp\left(-i\dfrac{2\pi}{3}\right)+\dfrac{2\pi}{3}=0 \\ A\exp\left(-i\dfrac{2\pi}{3}\right)+B\exp\left(i\dfrac{2\pi}{3}\right)-\dfrac{2\pi}{3}=0 \end{cases}$$

となります．これを解いて A, B を求めると，

$$A = \dfrac{2\pi}{3}\times\dfrac{\exp(2\pi i/3)}{1-\exp(4\pi i/3)},$$

$$B = -\dfrac{2\pi}{3}\times\dfrac{\exp(2\pi i/3)}{1-\exp(4\pi i/3)}$$

となます．

B $y=A\exp(ix)+B\exp(-ix)+x$ に代入して整理することにより，

$$y = -\dfrac{2\pi/3}{\sin(2\pi/3)}\sin x + x$$

が得られます．

9.2.4 小問 (3) の後半の方針 (比較)

B 厳密解を $y = y(x)$,リッツ法による近似解を $y_R = y_R(x)$,差分法による近似解を $y_D = y_D(x)$ と表すことにしましょう.

A $x = \pi/3$ におけるそれぞれの値を求めると,

$$y(\pi/3) = -\frac{2\pi/3}{\sin(2\pi/3)}\sin\left(\frac{\pi}{3}\right) + \frac{\pi}{3} = -\frac{\pi}{3}$$

$$y_R(\pi/3) = \frac{1}{6\{-1+(2/21)(2\pi/3)^2\}} \times \frac{\pi}{3}\left\{\left(\frac{2\pi}{3}\right)^2 - \left(\frac{\pi}{3}\right)^2\right\}$$

$$= \frac{\pi^2}{18\{-1+(2/21)(2\pi/3)^2\}} \times \frac{\pi}{3}$$

$$y_D(\pi/3) = \frac{(\pi/3)^3}{(\pi/3)^2 - 2} = \frac{(\pi/3)^2}{(\pi/3)^2 - 2} \times \frac{\pi}{3} = \frac{\pi^2}{9\{(\pi/3)^2 - 2\}} \times \frac{\pi}{3}$$

となります.

B よく見ると $\dfrac{\pi^2}{18\{-1+(2/21)(2\pi/3)^2\}}$ と $\dfrac{\pi^2}{9\{(\pi/3)^2-2\}}$ の比較をすれば良い事になります.試験場で計算するには面倒な計算ですが….

T グラフを描くとどうなりますか.

A 図 9.1 のようになります.この図から読み取れるように,適切な基底関数を選べば,少ない次数でより良い近似解を得られることになります.

T リッツ法は手回し計算機の時代から,偏微分方程式の数値計算に使われた方法です.単に近似と言っても,数学の諸分野の知識を活用すると,計算点が少なくても精度が高い計算ができる例として選びました.もっとも,今どきは,コンピュータの計算能力の向上もあり,また実際に三角関数をコンピュータ内で計算する近似計算の手間もあって,単純な差分法でプ

ログラムを組むことも多いと思いますが，力任せでない方法も知っておいた方が「わかった感」につながると思います．

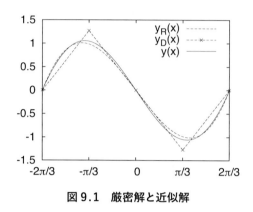

図 9.1 厳密解と近似解

9.3 三つ目のお題（CFL 条件）

T 前章で扱ったフーリエ（Fourier）解析が顔を出す問題で締めましょう．

微分方程式を差分化して近似計算する場合，得られる値には誤差が含まれる．このとき，差分法のとり方によっては，誤差が時間とともに指数関数的に増大していく可能性がある．このような差分法を不安定な差分法という．ここでは，微分方程式

$$\frac{\partial^2 u}{\partial x^2} - c^2 \frac{\partial^2 u}{\partial x^2} = 0$$

を考える．ただし，c は定数とする．差分化する際，時間 t と空間 x をそれぞれ一定の時間間隔 Δt と空間間隔 Δx で割分し，$t_n = n\Delta t, x_j = j\Delta x$ で時間・空間の格子点を指定する．ここで n, j

は整数である．関数 $u(x,t)$ の格子点での値を $u(j\Delta x, n\Delta t) \equiv u_j^n$ と表す．

差分法の安定性の条件は，関数を
$$u(x,t) = \sum_k \hat{u}(k,t) e^{ikx}$$
のように空間的に波数 k で展開し，そのフーリエ成分 $\hat{u}(k,t)$ が
$$\hat{u}(k, t+m\Delta t) = \lambda(k)^m \hat{u}(k,t)$$
となると仮定したとき (m は整数)，$|\lambda(k)| \leq 1$ である．

(1) 与えられた微分方程式を，次のように差分化する．
$$\frac{u_j^{n+1} - 2u_j^n + u_j^{n-1}}{\Delta t^2} - c^2 \frac{u_{j+1}^n - 2u_j^n + u_{j-1}^n}{\Delta x^2} = 0 \qquad (9.1)$$
この式から $\lambda(k)$ の満たす式を求めよ．

(2) (1)の差分法(9.1)が安定である条件を，$\Delta t, \Delta x, c$ を使って表せ．

(3) (2)の条件の物理的意味を述べよ．

東京大学大学院（改題）

9.3.1 小問(1)の方針

B 線型性を使うと個々の波数 k に着目すればよいことがわかります．

A k を固定して $\lambda(k)$ を λ と書き(9.1)に代入して両辺を $\hat{u}(k,0)$ で割ると
$$\frac{\lambda^{n+1}\exp(ikj\Delta x) - 2\lambda^n \exp(ikj\Delta x) + \lambda^{n-1}\exp(ikj\Delta x)}{(\Delta t)^2}$$
$$= c^2 \frac{\lambda^n \exp(ik(j+1)\Delta x) - 2\lambda^n \exp(ikj\Delta x) + \lambda^n \exp(ik(j-1)\Delta x)}{(\Delta x)^2}$$
となります．両辺を払って整理することにより，

$$\lambda \exp(ikj\Delta x) - 2\exp(ikj\Delta x) + \lambda^{-1}\exp(ikj\Delta x)$$
$$= \frac{(c\Delta t)^2}{(\Delta x)^2}\{\exp(ik(j+1)\Delta x) - 2\exp(ikj\Delta x) + \exp(ik(j-1)\Delta x)\}$$

を得ます．更に整理をすると

$$\lambda^2 - 2\lambda + 1 = \lambda\left(\frac{c\Delta t}{\Delta x}\right)^2(2\cos(k\Delta x) - 2)$$
$$= 2\lambda\left(\frac{c\Delta t}{\Delta x}\right)^2(\cos(k\Delta x) - 1)$$
$$= -4\lambda\left(\frac{c\Delta t}{\Delta x}\right)^2\sin^2\left(\frac{k\Delta x}{2}\right)$$

と書き直すことができます．λ を $\lambda(k)$ に戻すことにより，

$$\{\lambda(k)\}^2 - 2\left[1 - 2\left\{\frac{c\Delta t}{\Delta x}\sin\left(\frac{k\Delta x}{2}\right)\right\}^2\right]\lambda(k) + 1 = 0$$

が求めるものとなります．

9.3.2 小問 (2) の方針

B 問題中に記述のあるとおり，この様な設定による安定性解析では $|\lambda(k)| \leq 1$ が安定性の条件となります．以下，簡略のために $a = \frac{c\Delta t}{\Delta x}\sin\left(\frac{k\Delta t}{2}\right)$, $\lambda(k) = \lambda$ と置いて進めます．

A λ の満たすべき式は

$$\lambda^2 - 2(1 - 2a^2)\lambda + 1 = 0 \tag{9.2}$$

と書き直すことができます．

B (9.2) を λ の二次方程式だと思って扱います．

A まず，(9.2) が異なる二実数根を持つ場合を考えます．根と係数の関係より，二根の積は 1 です．$\lambda = \pm 1$ が異なる二実数根とならないことは明らかですから，2 根のうちどちらかの絶対値は 1 を超えることになり，所定の安定性の条件を満たさない

ことになります．

次に，(9.2) の根が異なる二実根でない場合，すなわち重根と共役複素根の場合をまとめて考察します．二次方程式の根の公式に当てはめると，

$$\lambda = 1-2a^2 \pm \sqrt{(1-2a^2)^2-1}$$
$$= 1-2a^2 \pm i\sqrt{4a^2-4a^4}$$

となるので，絶対値の二乗は

$$|\lambda|^2 = (1-2a^2)^2 - 4a^4 + 4a^2 = 1$$

となり，所定の安定性条件を満たします．

B (9.2) が異なる二実根を持たないとき安定と言うことから，

$$(1-2a^2)^2 - 1 \leq 0$$

が条件になることが分かります．移項して平方を開いて更に移項し，

$$-2 \leq -2a^2 \leq 0$$

が得られます．a を元に戻すことにより，

$$|c|\frac{\Delta t}{\Delta x}\left|\sin\left(\frac{k\Delta x}{2}\right)\right| \leq 1$$

が導かれます．k は波数で任意の自然数をとることより，

$$|c|\frac{\Delta t}{\Delta x} \leq 1$$

がこの問題の意味での安定の条件となります．

T このようなフーリエ展開による安定性解析をフォン・ノイマン (von Neumann) の安定性解析と呼びます．混入した誤差が指数的に成長しない条件を求めているとも解釈できます．また，$|c|\Delta t/\Delta x \leq 1$ という安定条件を CFL 条件と呼びます．CFL は Courant, Friedrichs, Lewy の頭文字です．

9.3.3 小問(3)について

A さて,CFL 条件の物理的意味について考察します.元の波動方程式 $u_{tt} - c^2 u_{xx} = 0$ の意味を考えると,ある点での情報は速度 $\pm 1/c$ で両方に伝わると解釈できます.ところが,差分式 (9.1) の定義から,格子点 x_j の次の時間ステップの値 $u_j^{(n+1)}$ の値の計算に使うのは,格子点 x_j の現在値 $u_j^{(n)}$ と一つ前のステップの値 $u_j^{(n-1)}$,更に両隣の現在値 $u_{j\pm1}^{(n)}$ だけです.ですから,差分式 (9.1) に従った計算での数値的な情報伝達速度は $\Delta x / \Delta t$ を超えることはできません.物理的な波の伝播速度が,数値的な情報伝達速度を越えてしまうと,まともな結果を期待できないという,ある意味で当然のことが CFL 条件の物理的意味と言えるでしょう.

B CFL 条件の制約により,時間刻みをあまり大きくとれないわけですが,一つの工夫としては,(9.1) の左辺をすべて未来の項とした

$$\frac{u_{j+1}^{n+1} - 2u_{j+1}^{n} + u_{j+1}^{n-1}}{\Delta t^2}$$

で置き換えるやりかたもあります.実際の安定性の計算は割愛しますが,依存領域がひとつ前の時間ステップの全体領域となることから,安定性が期待できることは想像がつくと思います.

T 数値解析・数値計算を学習するためには成書も多く出ていますし,各分野でもそれなりに教科書等はあると思いますので個別には挙げません.ただ,機微に通じた副読本として古い本ではありますが,[10] を挙げておきます.図書館で見かけたとき

にでも一読すればかなり有益ではなかろうかと思います．

参考文献

[1] 梶原壌二 著,『改訂増補 新修解析学』，現代数学社, 2005
[2] 東京図書編集部編,『詳解 大学院への数学（改訂新版）』，東京図書, 1992
[3] 姫野俊一・陳啓浩著,『演習 大学院入試問題［数学］Ⅰ（第二版）』，サイエンス社, 1997
[4] 姫野俊一・陳啓浩著,『演習 大学院入試問題［数学］Ⅱ（第二版）』，サイエンス社, 1997
[5] 姫野俊一・陳啓浩著,『大学院別入試問題と解法［数学］Ⅰ』，サイエンス社, 1998
[6] 姫野俊一・陳啓浩著,『大学院別入試問題と解法［数学］Ⅱ』，サイエンス社, 1998
[7] 姫野俊一・陳啓浩著,『解法と演習 工学系大学院入試問題〈数学・物理学〉』，サイエンス社, 2003
[8] 関正治・姫野俊一・陳啓浩著,『解法と演習 大学院入試問題〈情報通信系〉』，サイエンス社, 2004
[9] 日本数学会編,『岩波数学辞典 第三版』, 1985
[10] 伊理正夫・藤野 和建,『数値計算の常識』，共立出版, 1985

第 2 部

マクロ経済分析への航海灯

第1話

あえての差分方程式

　その昔，当時の『理系への数学』(いまの『現代数学』)誌上にて藤間先生が連載を持たれていた折に3回ほど間借りして連載を担当させてもらいました．で，本書執筆に当たり再度間借りさせていただくことになりました．中村と申します．

　当時は藤間先生の執筆内容の前後関係などを完全に無視し，「経済学ではこんな数学が利用されている」という解説だけに始終してしまいました．さすがに今回は無視するわけにいきませんから，本話から始まる第II部では微分方程式を使った経済分析に関する大学院入試問題を中心にその解説を試みようと思います．これまで登壇いただいたAさん，Bさん，Tさんお疲れさまでした．ここからは私の独り語りで進行しますがそこは安定の文系脳，解答への筋道にエレガントさはありません．広い心で読み進めていただければ幸いです．

　…が，舌も乾かぬうちの嘘つきぶり．第1話ではあえて微分方程式と縁の深い**差分方程式**に関する解説をしていきます．たとえ

ば，微分方程式 $\frac{dx}{dt}=f(x)$ や差分方程式 $x_{t+1}=g(x_t)$ に表れる t は時間を意味しますが，前者は微小な時間変化を考えるので**連続時間**，後者は 1 を最小の時間単位とするので**離散時間**といいます．正直なところ，モデルの扱い易さの点では連続時間を仮定したモデルに軍配が上がりますが，導かれた結果を経済学的に解釈する際には離散時間を仮定したモデルに軍配が上がります．また，連続時間を前提したモデルで導いた理論予測を数値シミュレーションなどで解析するには，離散時間を前提したモデルで実行するのが普通です．そんな事情もあって，経済分析では差分方程式が結構利用されているのです．

1．1 階差分方程式

> **例題 1.1**
> 数列 $\{a_n\}$ において $a_0=1$, $a_{n+1}=\beta a_n+\gamma$ $(n=0,1,2,\cdots)$ の関係が成立している[※1]．ここで $\beta(\neq 1)$, γ は定数であるとする．このとき，以下の問いに答えよ．
> (1) 数列 $\{a_n\}$ の一般項を求めよ．
> (2) n が大きくなるにつれて数列 $\{a_n\}$ の第 n 項がある値に限りなく近づくための条件を求めよ．
>
> 名古屋市立大（改題）

[※1] 高校数学では数列 $\{a_n\}$ の初項を a_1 と定義するが，経済分析では初項を a_0 で定義するのが慣例である．

1.1 解答

これは高校数学で学んだ記憶のある漸化式に関する問題ですが，大学以降の数学では差分方程式とよび，例題のように隣り合う2項間で満たす関係を表したものを1階差分方程式といいます．

これを解くにはおなじみの方法を使います．$\beta \neq 1$ を念頭に与えられた1階差分方程式の両辺から $\gamma/(1-\beta)$ を引けば，

$$a_{n+1} - \frac{\gamma}{1-\beta} = \beta\left(a_n - \frac{\gamma}{1-\beta}\right), \tag{1.1}$$

となり，これは初項 $1-\gamma/(1-\beta)$，公比 β の等比数列となります．よって一般項は，

$$a_n = \left(1 - \frac{\gamma}{1-\beta}\right)\beta^n + \frac{\gamma}{1-\beta}, \tag{1.2}$$

と求められます（(1)の答え）[※2]．

(1.2) 式を見れば n が大きくなる，極端にいえば $n \to \infty$ のときに与えられた数列がある値（ここでは $\gamma/(1-\beta)$）に限りなく近づくには，$n \to \infty$ のときに $\beta^n \to 0$ になればよく，そのためには $|\beta| < 1$ でなければなりません（(2)の答え）．

1.2 プチ解説

差分方程式なり微分方程式なり，出題された方程式を解くのは重要ですが，とりわけ経済分析では導出した解を経済学的に解釈することも要求されます．本書では詳細に扱いませんが，このタ

[※2] $\beta = 1$ のときには解の候補として $a_n^p = kn$ を与えられた差分方程式に試す．ここから $k = \gamma$ と簡単に分かり，初項が1であるのを踏まえると一般項は $a_n = 1 + n\gamma$ と求められる．ちなみにこのとき，与えられた1階差分方程式は公差 γ の等差数列になるから，そこからただちに一般項を求められる．

イミングで差分方程式の解を経済学的に解釈する上で押さえておきたいポイントについて解説します．これは微分方程式の解においても同じです．

1つ目は (1.1) 式を導く際に使った $\gamma/(1-\beta)$ です．これ自体は与えられた1階差分方程式において $a_n = a_{n+1}$ とおいたときの解，

$$a_n = a_{n+1} = \frac{\gamma}{1-\beta} \equiv a^*, \qquad (1.3)$$

に一致し，これを非同次方程式[※3]の特殊解（第Ⅰ部第3話にある微分方程式の特殊解と同じ意味）とか**定常値**などとよびます．この a^* の何が大事かというと，a_0 から始まる経済変数がどこに向かって進むのか，その目標のような役割を果たす点にあります．とはいえ，すべての経済変数が必ず定常値に向かう（これを**収束**という）かどうかは (1.3) 式を見ただけでは分かりません．それを決定づけるのが (2) の答えである β の範囲についてであり，これが2つ目のポイントになります．モデルで何を明らかにしたいのかによりますが，経済変数が定常値に近づくことなく離れる（これを**発散**という）のは経済システムの崩壊を予期させてしまう．だから定常値に限りなく近づくための条件の検討が必要になるわけです．

これらのポイントが分かると，差分方程式を解くにあたって①定常値はどれくらいか，②解が収束するかどうか，さえ分かれば経済学的理解がかなり進むのが分かります．いまの例題で言えば，(1.2) 式右辺第1項の $1-\gamma/(1-\beta)$ は初項（$a_0 = 1$）と定常値との差ですが，これ自体は初項の値によって変わります．そこでこの

[※3] 一般に，1階差分方程式は例題の記号を用いて $a_{n+1} - \beta_n a_n = \gamma_n$ で示される．このとき，すべての n に対して $\gamma_n = 0$ であればこの方程式は同次形，$\gamma_n \neq 0$ であれば非同次形という．この区分は後の例題についても同じである．

部分を任意定数 C に置き換えた,

$$a_n = C\beta^n + \frac{\gamma}{1-\beta}, \tag{1.4}$$

を非同次方程式の**一般解**,(1.2)式を非同次方程式の**確定解**といいます.一般解は上記①および②を余すところなく示したものであり,経済分析の理解に重宝します.一方,確定解は定常値以外の特定の項(経済分析では初項である場合がほとんど.これを**初期条件**という)の値を定めることで具体的な数列 $\{a_n\}$ の値を明らかにできます.

2. 高階差分方程式

微分方程式と同様,差分方程式には連続する 3 項以上の満たす関係を表す高階差分方程式があります.ここではそれに関する例題を見ていきましょう.

2.1 2 階差分方程式

> **例題 1.2** 以下の差分方程式を考える.
> $$x_{t+2} = a_1 x_{t+1} + a_2 x_t + \beta,$$
> ここで $t = 0, 1, \cdots, n$ とし,定数 a_1, a_2, β に関して $\beta \neq 0$,$a_1^2 + 4a_2 > 0$,$|a_1| < 2$ をそれぞれ仮定する.さらに $x_0 = x_1 = \gamma \neq 0$ とする.このとき,$\{x_t\}_{t=0}^n$ が収束する条件を明らかにせよ.
>
> 東京大(抜粋)

2.1.a 解答

この例題で示すべきは，連続する3項間で満たす関係を表す2階差分方程式の解が収束するための条件を明らかにすることです．初見では難しそうですが，係数および定数項が定数なので例題1.1をヒントに何とかなりそうです．

一般に定数係数の1階差分方程式の一般（および確定）解には $C\lambda^t$ があるので，2階差分方程式の解もこの形が現れると考えます．そこで，$\beta=0$ とおいた同次方程式（**余方程式**）を考えて $C\lambda^t$ を代入して整理すれば，

$$\lambda^2 - \alpha_1 \lambda - \alpha_2 = 0,$$

となり，これが**固有方程式**になります[※4]．この解である**固有値**は簡単に，

$$\lambda = \frac{\alpha_1 \pm \sqrt{\alpha_1^2 + 4\alpha_2}}{2}, \tag{1.5}$$

と計算でき，問題の仮定から実数であるのが分かります．(1.5)式で定まる固有値の小さ（大き）い方を $\lambda_1 (\lambda_2)$ とすれば，λ_1^t, λ_2^t が差分方程式における**基本解**になり，同次方程式の一般解（**余関数**）は任意定数を C_1, C_2 として，

$$x_t = C_1 \lambda_1^t + C_2 \lambda_2^t,$$

で与えられます．

一方，例題1.1と同様，与えられた差分方程式は非同次形なのでその特殊解も求める必要があります．$\alpha_1 + \alpha_2 \neq 1$ のときには与式に $x_{t+2} = x_{t+1} = x_t \equiv x^*$ を代入して，

[※4] 教科書によって特性方程式とよんでいるものもあるが，本書では一貫して固有方程式とよぶことにする．ゆえに，この方程式の解も固有値とよぶことにする．

$$x^* = \frac{\beta}{1-\alpha_1-\alpha_2},$$

で与えられます※5．よって，この差分方程式の一般解は余関数と特殊解の和として，

$$x_t = C_1 \lambda_1^t + C_2 \lambda_2^t + x^*, \qquad (1.6\text{a})$$

と求められます※6．

(1.6a)式で求められた一般解が $t \to n$ のときに $x_n \to x^*$ となるためには，例題1.1と同様に $|\lambda_k| < 1$（ただし，$k = 1, 2$）でなければなりません．この条件を明らかにするために次の2次関数，

$$f(\lambda) = \lambda^2 - \alpha_1 \lambda - \alpha_2,$$

を考えます．この2次関数において $f(\lambda) = 0$ の解，すなわち(1.5)式の絶対値が1未満であるためには $\alpha_1^2 = 4\alpha_2 > 0$ と，次の2条件が必要でこれが答えとなります．

※5　$\alpha_1 + \alpha_2 = 1$ のときには脚注2と同様の方法で $x_t^p = kt$ を試す．ここから $k = \beta/(2-\alpha_1)$ と計算でき，特殊解は $x_t^p = \beta t/(2-\alpha_1)$ となる．これは問題文の条件からゼロにならない．

※6　例題の解答では直接使用しなかったが，$t = 0, 1$ における x_t の値が与えられているので，これを使えばこの差分方程式の解を確定させることができる．(1.6a)式に実際当てはめると，

$$\begin{cases} x_0 = C_1 + C_2 + x^* = \gamma, \\ x_1 = \lambda_1 C_1 + \lambda_2 C_2 + x^* = \gamma, \end{cases}$$

となって，C_1, C_2 に関する連立方程式が得られる．これを解けば，

$$(C_1, C_2) = \left(\frac{(\lambda_2 - 1)(\gamma - x^*)}{\lambda_2 - \lambda_1}, \frac{(1 - \lambda_1)(\gamma - x^*)}{\lambda_2 - \lambda_1} \right),$$

となって，

$$x_t = \frac{\gamma - x^*}{\lambda_2 - \lambda_1} \{ (\lambda_2 - 1) \lambda_1^t + (1 - \lambda_1) \lambda_2^t \} + x^*,$$

と確定解が得られる．

$$f(-1)>0 \Longrightarrow \alpha_2<\alpha_1+1, \tag{1.7a}$$

$$f(1)>0 \Longrightarrow \alpha_2<-\alpha_1+1. \tag{1.7b}$$

2.1.b　プチ解説

さて，ここまでの答えを図示してみます．その結果が図1–1に示されています．この図には3本の境界線，

$$\begin{cases} \alpha_2=\alpha_1+1, \\ \alpha_2=-\alpha_1+1, \\ \alpha_2=-\frac{1}{4}\alpha_1^2, \end{cases}$$

が描かれており，問題文の条件および(1.7)式を同時に満足するのは図の領域Aに当たります．つまり，この領域内に定数係数(α_1, α_2)の組み合わせがあれば，(1.5)式で定まる2つの固有値は絶対値1未満の実数となり，ゆえに解(1.6a)式はtが大きくなるにつれて定常値x^*に収束します．

ところで，固有値(1.5)式が複素数（第Ⅰ部第1話も参照），すなわち$\alpha_1^2+4\alpha_2<0$の場合はどうなるのでしょう．このときの一般解は(1.6a)式ではなく，**ド・モアブルの公式**を使って，

$$x_t = r^t(C_3 \cos\theta t + C_4 \sin\theta t)+x^*, \tag{1.6b}$$

で表されます（C_3, C_4は任意定数）．三角関数で表される部分は振動するだけで収束や発散に影響しないことを踏まえると，固有値が複素数のときに解が定常値に収束するための条件は$|r|<1$で与えられます．ここで$r=\sqrt{-\alpha_2}>0$ですから，結局$-1<\alpha_2<0$が条件となり，これと$\alpha_2<-(1/4)\alpha_1^2$を同時に満足する領域が図1–1の領域Bに当たります．定数係数や定数項はさまざまな状況や仮定にもとづいて与えられますから，2階差分方程式で記述され

る経済変数が収束するためには，かなり強い仮定を置かなければならないのが容易に想像できるでしょう．

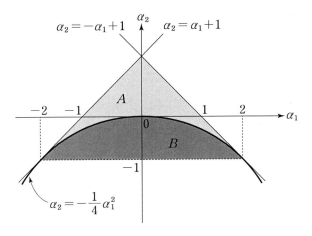

図 1-1　2 階差分方程式の収束条件

2.2　連立差分方程式

例題 1.3　連立差分方程式，
$$\begin{pmatrix} x_{t+1} \\ y_{t+1} \end{pmatrix} = \begin{pmatrix} 8 & 10 \\ -5 & -7 \end{pmatrix} \begin{pmatrix} x_t \\ y_t \end{pmatrix},$$
において初期条件が $\begin{pmatrix} x_0 \\ y_0 \end{pmatrix} = \begin{pmatrix} 1 \\ 0 \end{pmatrix}$ のとき，確定解を求めよ．

横浜国立大（改題）

高階差分方程式は連立差分方程式に変換できることが意外と多く，これは連立差分方程式で示される高階差分方程式の確定解を求める問題です．一見難しそうですが，ベクトルおよび行列を使

えば案外簡単にできます．

いま $\begin{pmatrix} x_t \\ y_t \end{pmatrix} \equiv X_t$，係数行列を A とおけば，与えられた差分方程式は $X_{t+1} = AX_t$ と同次形の 1 階差分方程式に書き換えられます．1 階差分方程式の解の形からの類推で，任意定数を表すベクトルを C としてこの方程式の一般解は $X_t = C\lambda^t$ と書くことができると考えて試します．これを差分方程式に代入して整理すれば $(A - \lambda E)X_t = 0$ となります（E は 2×2 の単位行列）が，X_t がゼロベクトルでないならば $|A - \lambda E| = 0$ が成立しなければなりません．ここから，

$$\begin{vmatrix} 8-\lambda & 10 \\ -5 & -7-\lambda \end{vmatrix} = \lambda^2 - \lambda - 6 = 0,$$

と固有方程式が導出でき，固有値は容易に $\lambda = -2, 3$ と計算できます．ここから基本解は $(-2)^t, 3^t$ となります．

ですが，ベクトル（および行列）で表示される差分方程式の解を求めるためには固有値を計算するだけではダメで，各固有値に対応する**固有ベクトル**も求める必要があります．まず $\lambda = -2$ のとき $(A - \lambda E)X_t = 0$ は，

$$\begin{pmatrix} 10 & 10 \\ -5 & -5 \end{pmatrix} X_t = 0,$$

となって，固有ベクトルは $\begin{pmatrix} 1 \\ -1 \end{pmatrix}$ で与えられます．同じ要領で $\lambda = 3$ のときの固有ベクトルは $\begin{pmatrix} 1 \\ -1/2 \end{pmatrix}$ となります．よって，与えられた連立差分方程式の余関数は，

$$\begin{pmatrix} x_t \\ y_2 \end{pmatrix} = c_1 \begin{pmatrix} 1 \\ -1 \end{pmatrix} (-2)^t + c_2 \begin{pmatrix} 1 \\ -\frac{1}{2} \end{pmatrix} \cdot 3^t, \tag{1.8}$$

となります（c_1, c_2 は任意定数）．次に，(1.8) 式に初期条件を当て

はめます．
$$\begin{pmatrix} x_0 \\ y_0 \end{pmatrix} = \begin{pmatrix} c_1 + c_2 \\ -c_1 - \frac{1}{2} c_2 \end{pmatrix} = \begin{pmatrix} 1 \\ 0 \end{pmatrix}.$$

ここから $(c_1, c_2) = (-1, 2)$ と任意定数の組み合わせが計算でき，確定解は成分ごとに表示すれば，
$$\begin{cases} x_t = -(-2)^t + 2 \cdot 3^t, \\ y_t = (-2)^t - 3^t, \end{cases}$$

となります．なお，与えられた連立差分方程式に定数項がありませんので，定常値の組み合わせは $\begin{pmatrix} x^* \\ y^* \end{pmatrix} = \begin{pmatrix} 0 \\ 0 \end{pmatrix}$ で与えられます．そして，固有値の絶対値はともに1を上回りますので，この確定解は初期状態から出発して定常値に近づくことなく発散するのが分かります．

3. 差分方程式の経済分析への応用～ソローモデル～

差分方程式を使った経済分析は数多くあり，その典型は経済成長理論で用いられます．本節では，その中でも最も基本的なソローモデルに関する例題を見ていきます．

例題1.4 以下のような閉鎖経済[※7]における経済成長を扱ったソローモデルを考える．
　生産関数：$Y_t = K_t^\alpha (A_t L_t)^{1-\alpha}$, $0 < \alpha < 1$,
　人口成長：$L_{t+1} - L_t = nL_t$, $n > 0$, $L_0 > 0$,

[※7] 閉鎖経済とは一切の対外経済取引（財の輸出入や海外旅行はもちろんのこと，国境を越えた所得などの送金や有価証券などの売買を含んだもの）を捨象した経済システムを指す．

労働増加的な技術進歩※8：$A_{t+1} - A_t = gA_t, \quad g > 0, \quad A_0 > 0,$

財の総需要：$Y_t = C_t + I_t,$

消費：$C_t = (1-s)Y_t, \quad 0 < s < 1,$

投資：$I_t = K_{t+1} - (1-\delta)K_t, \quad 0 < \delta < 1, \quad K_0 > 0.$

以下では労働者1人当たりで評価した資本 K_t/L_t，産出 Y_t/L_t，消費 C_t/L_t をそれぞれ k_t, y_t, c_t と表記する．また，有効労働1人当たりで評価した資本 K_t/A_tL_t，産出 Y_t/A_tL_t，消費 C_t/A_tL_t をそれぞれ $\tilde{k}_t, \tilde{y}_t, \tilde{c}_t$ と表記する．

(1) $\tilde{k}_t$ の動学を記述する差分方程式を答えよ．

(2) 定常状態における $\tilde{k}_t$ の値を明示的に計算し，図解もしくは計算によってその安定性を答えよ．

(3) この経済において，k_t, y_t, c_t の成長率が定常状態では等しくなることを証明せよ．

(4) 定常状態における $\tilde{k}_t$ の値が黄金律を実現するときの貯蓄率を答えよ．

東京工業大（改題）

　時間 t の下添え字のついた変数の意味については問題文から読み取れますが，それ以外の定数の記号については以下のように定義されます．それぞれ α は資本分配率，n は人口成長率，g は技術進歩率，s は貯蓄率，δ は資本減耗率を表します．

※8　生産関数が $Y = F(K, AL)$ の形で書けるときに現れる技術進歩のことを指す．このタイプの技術進歩の特徴は労働生産性 (Y/L) の増加をともなうとともに，同じ資本係数 (K/Y) のもとで利潤率が不変になる．ハロッド中立的技術進歩ともいう．

3.1 解答

記号がたくさんあって面倒そうですので，丁寧に解答していきます．

まず (1) ですが，財の総需要を表す式に生産関数，消費および投資を表す式に代入して資本 K_t に着目した 1 階差分方程式を導出します．

$$K_{t+1} - K_t = sK_t^\alpha (A_t L_t)^{1-\alpha} - \delta K_t. \tag{1.9}$$

次に，(1.9) 式の両辺を $A_t L_t$ で割って有効労働 1 人当たりでみた 1 階差分方程式に変換しますが，$A_{t+1}L_{t+1}/A_t L_t = (1+n)(1+g)$ が $1+n+g$ に近似できると仮定して，$A_t L_t$ で割ったあとに両辺から $(n+g)\tilde{k}_t$ を引いて整理します．

$$\tilde{k}_{t+1} - \tilde{k}_t = \frac{s\tilde{k}_t^\alpha - (n+g+\delta)\tilde{k}_t}{1+n+g}. \tag{1.10}$$

これが (1) の答えになります．

これをもとに (2) の解答に移りますが，示すべき事項は 2 つあります．初期条件 $\tilde{k}_0$ から始まるこの閉鎖経済は (1.10) 式にしたがって推移しますが，そもそも論として (1.10) 式に定常値が存在するのか？ 最初にこれを確認します．ここで**定常状態**とは $\tilde{k}_t$ が定常値に到達した状況を指します．定常値は $\tilde{k}_{t+1} = \tilde{k}_t$ を満たすときの解であることを例題 1.1 で確認しましたが，これは (1.10) 式左辺がゼロになることであり，ここから，

$$k_t = \left(\frac{s}{n+g+\delta}\right)^{\frac{1}{1-\alpha}} \equiv \tilde{k}^*, \tag{1.11}$$

と簡単に計算できます．

次に，計算を通じて (1.10) 式から得られる解の安定性について確認します．とはいえ，(1.10) 式を直接解いて安定性を調べるの

は不可能です．でも定常値近傍の安定性であれば可能です．そのために，(1.11) 式を利用して (1.10) 式を定常値の近傍で**線形近似**します（第 I 部第 4 話も参照）．

$$\tilde{k}_{t+1}-\tilde{k}^* = \frac{1+\alpha(n+g)-(1-\alpha)\delta}{1+n+g}(\tilde{k}_t-\tilde{k}^*).$$

これは (1.1) 式と構造が同じです．よって，上式が定常値に収束するためには $\left|\frac{1+\alpha(n+g)-(1-\alpha)\delta}{1+n+g}\right|<1$ であればよく，各定数の範囲から必ず満たすのを容易に確認できます．ゆえに，定常値の近傍にある $\tilde{k}_t$ は必ず定常値に収束します．このことを**局所安定**といいます．

　与えられた，もしくは導出された差分方程式を定常値の近傍で線形近似し，その局所安定性を調べる手法は経済分析に限らずさまざまな分野でなされています．ですが，定常値の近傍に**な**い $\tilde{k}_t$ がどのように推移するか，すなわち大域的安定性についてどう判断するか？経済分析では図が多用されます．これが「図解によって安定性を調べる」ことの狙いとなります．

　この例題に関しては (1.10) 式を図示できれば難なく解答できます．図 1–2 には (1.10) 式が描かれており，一般に，差分方程式や微分方程式の解の動きを視覚的にとらえたものを**位相図**（第 I 部第 3 話の相図と同じもの）といいます．定数 α に関する仮定から (1.10) 式は逆 U 字型の曲線となり，原点と (1.11) 式で横軸と交わります．

　初期条件 $\tilde{k}_0$ を図の位置に与えたとします．このとき，図より $\tilde{k}_1-\tilde{k}_0>0$ であって，1 期の $\tilde{k}_1$ は初期条件よりも大きくなります．これは $\tilde{k}_t$ が横軸上を右に移動することを意味します．この動きは

$\tilde{k}_{t+1}-\tilde{k}_t>0$ である限り続きますから,早晩 (1.11) 式の定常値に到達し,そこで定常状態が成り立ちます.つまり,任意の初期条件のもとで $\tilde{k}_t$ は必ず定常値に収束し,その意味で (1.10) 式の解は**大域安定**であるのが示されます[※9].

どこから出発しても必ず定常値に到達するのが分かりましたので,話の焦点は定常状態に移ります.これが (3) 以降に当たります.定常状態においては $\tilde{k}_{t+1}=\tilde{k}_t$ でしたから,問題文の記号を使って,

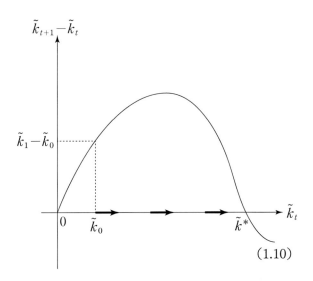

図 1-2　(1.10) 式の大域的安定性

[※9] 言うまでもなく,$k_0>k^*$ なる初期条件を与えてもその後の動態は必ず定常値に収束する.そのため特に断りのない限り,以降本書では初期条件として $k_0>k^*$ を仮定しないことにする.

$$\frac{\tilde{k}_{t+1}}{\tilde{k}_t} = \frac{k_{t+1}/A_{t+1}}{k_t/A_t} = 1,$$

と表せます．ここから，

$$\frac{k_{t+1}}{k_t} - 1 \equiv \Gamma_k = g, \quad (1.12\mathrm{a})$$

となって，k_t の成長率が（一定の）技術進歩率に一致します．次に，問題文の生産関数を使えば定常状態では，

$$\frac{\tilde{y}_{t+1}}{\tilde{y}_t} = \left(\frac{\tilde{k}_{t+1}}{\tilde{k}_t}\right)^\alpha = 1,$$

が成り立ちます．ここから先と同様の操作を行えば，

$$\frac{y_{t+1}}{y_t} - 1 \equiv \Gamma_y = g, \quad (1.12\mathrm{b})$$

となって，y_t の成長率も技術進歩率に一致します．最後に，問題文の消費を表す式を使えば定常状態では，

$$\frac{\tilde{c}_{t+1}}{\tilde{c}_t} = \frac{\tilde{y}_{t+1}}{\tilde{y}_t} = 1,$$

が成り立ち，ここから，

$$\frac{c_{t+1}}{c_t} - 1 \equiv \Gamma_c = g, \quad (1.12\mathrm{c})$$

となって，c_t の成長率も技術進歩率に一致します．以上のことから，定常状態では k_t, y_t, c_t の成長率がすべて等しくなるのが証明できました[※10]．

最後の (4) も定常状態に注目した問題です．(1.10) 式から定常

[※10] 詳細は省くが，労働者 1 人当たりの投資を i_t とすると，定常状態におけるこの成長率も技術進歩率に一致するのを確認できる．

状態では $s\tilde{k}_t^\alpha = (n+g+\delta)\tilde{k}_t$ が成り立ちますから，これを使って（有効労働当たりで評価した）消費を表す式を書き変えると，
$$\tilde{c}_t = \tilde{k}_t^\alpha - (n+g+\delta)\tilde{k}_t,$$
となります．そこで $\tilde{c}_t$ を最大にするような $\tilde{k}_t$ を求めてみます．これは簡単に，
$$k_t = \left(\frac{\alpha}{n+g+\delta}\right)^{\frac{1}{1-\alpha}} \equiv \tilde{k}^G, \tag{1.13}$$
と計算できます．ソローモデルに限らず経済成長理論一般において，定常状態で $\tilde{c}_t$ が最大になる状況を黄金律といいます．初期条件から始まる動態において黄金律が実現するには (1.11) 式と (1.13) 式が等しければよく，よって，これが実現するときの貯蓄率は $s = \alpha \equiv s^G$ と求められます．

3.2 プチ解説

以上の計算結果を経済学的にどう解釈するかについては本書の狙いから外れるので詳細に行いませんが，数学に比重を置いた部分に関する解説を試みます．

3.2.a 生産関数の性質

(2) で (1.10) 式の解が大域安定であるのを示しました．この結論において決定的な役割を果たすのが生産関数です．ここで生産関数を $Y = F(K, L)$ とおき，経済成長理論で仮定される生産関数の性質について見ていきます．
$$\frac{\partial F(K, L)}{\partial K} > 0, \quad \frac{\partial^2 F(K, L)}{\partial K^2} < 0, \tag{1.14a}$$

$$\frac{\partial F(K,L)}{\partial L} > 0, \quad \frac{\partial^2 F(K,L)}{\partial L^2} < 0, \qquad (1.14\text{b})$$

$$\lim_{K \to 0} \frac{\partial F(K,L)}{\partial K} = \lim_{L \to 0} \frac{\partial F(K,L)}{\partial L} = +\infty, \qquad (1.14\text{c})$$

$$\lim_{K \to +\infty} \frac{\partial F(K,L)}{\partial K} = \lim_{L \to +\infty} \frac{\partial F(K,L)}{\partial L} = 0. \qquad (1.14\text{d})$$

(1.14a) および (1.14b) 式を満たすとき，生産関数は生産要素 (K, L) に関して収穫逓減の性質を満たすといいます．そして，(1.14c) および (1.14d) 式を稲田条件といい，計算された解が経済学的に意味のある範囲に存在するのを保証します．

もう 1 つ重要な性質があって，それは次式で与えられます．

$$F(\mu K, \mu L) = \mu Y, \ (\mu > 0), \qquad (1.15\text{a})$$

$$F(K,L) = \frac{\partial F(K,L)}{\partial K} \cdot K + \frac{\partial F(K,L)}{\partial L} \cdot L. \qquad (1.15\text{b})$$

(1.15a) 式から生産関数は **1 次同次**関数であり，ゆえに**オイラーの定理** (1.15b) 式が成り立ちます．このことを生産関数は規模に関して収穫不変の性質を満たすといいます．以上の性質をすべて満たす生産関数の具体例が例題の $Y_t = K_t^\alpha (A_t L_t)^{1-\alpha}$ で，これを経済分析ではコブ・ダグラス型といい，以降の例題で積極的に仮定されます．

3.2.b 均斉成長経路の存在

経済成長理論の中心的課題は国内総生産（GDP）に代表される集計変数の推移の特徴を明らかにすることです．このとき，普通なら (1.9) 式を直接使って分析しようと考えがちですが，経済成長理論では (1.10) 式のように有効労働 $A_t L_t$ で正規化した資本 $\tilde{k}_t$ で分析を進めます．こうすることで (2) によって $\tilde{k}_t$ は (1.11)

式に向かって収束するのを明らかにし，(3)によって定常状態における k_t, y_t, c_t の成長率がすべて同じになることを示しました．ここからさらに話を進めます．たとえば (1.12a) 式は，

$$\frac{k_{t+1}}{k_t} = \frac{K_{t+1}/L_{t+1}}{K_t/L_t} = 1+g,$$

でしたから，これまでと同様の操作をして，

$$\frac{K_{t+1}}{K_t} - 1 \equiv \mathit{\Gamma}_k = (1+n)(1+g) - 1 \approx n+g,$$

となり，(経済全体の)資本の成長率は(一定の)人口成長率と技術進歩率の和で与えられます．そして，(1.12b)および(1.12c)式において同じ操作を行えば $\mathit{\Gamma}_K = \mathit{\Gamma}_Y = \mathit{\Gamma}_C = n+g$ になるのを確認できます．有効労働単位で見た資本は一定になるけれど各種集計変数は同じプラスの率で成長し続ける，こうした経路を<u>均斉成長経路</u>といいます．

3.2.c 黄金律の偶然性

(1.10)式の解が大域安定であるのが証明され，定常状態において均斉成長経路が実現するのを上で確認しました．他方で，定常状態において有効労働で見た消費が最大になっているのか？ なっているとしてこのときの $\tilde{k}_t$ はどれくらいか？ これを確認するのが(4)の問題でした．ただ，この答えである $s^G = \alpha$ は必ず実現するか？…と言われたら「いいえ」としか返答できません．貯蓄率および資本分配率はいずれも定数と仮定されていましたから，両者が一致するのは偶然に過ぎないからです．均斉成長経路は必ず実現するけれども黄金律との両立は極めて難しい，このあたりが悩ましいところですね．

4. まとめにかえて

　第 1 話では差分方程式に関する大学院入試問題を見てきました．その中で経済成長理論の基本であるソローモデルを取り上げました．純粋に差分方程式を解くのであればある程度力業で乗り切れますが，経済分析に対応する問題は分野なりの癖みたいなのを理解していないと正答にたどり着くのは難しいかもしれません．ただ，応用数学の 1 領域としての経済数学の立場で言うと，経済事象という現実の一端を切り取って理論的な説明を試みる目的を前にすれば，想定する関数の性質や方程式に表れる係数などに何らかの縛りをかけなければなりません．むろん，この縛りは経済学的に見て一定の理由があるからなわけですが，そこが理解できれば，実は数学上の操作はそこまで難しくありません．この一端を本書でお伝えできればと思います．

　引き続き，私の独り語りによる経済数学の解説をお楽しみください．

第 2 話

微分方程式を使った経済分析の基礎

　第 1 話では微分方程式と縁深い差分方程式に関する入試問題を解説し，経済分析への応用の 1 つとしてソローモデルを扱いました．差分方程式を使った応用として大学院入試で出題される経済理論はもう 1 つあるのですがそれは第 3 話以降に回し，第 2 話は本書の王道に戻って微分方程式にまつわる入試問題を取り上げます．経済分析に関する問題としてソローモデルを再度取り上げますが，どちらかといえばソローモデルの拡張可能性を示唆する問題を中心に扱います．もちろん，差分方程式を用いたモデルでも同様に検討できるのですが，取り回しの容易さからこちらに回すことにしました．

　なお，微分方程式において微分したことを表現する形式はいくつかありますが，特に断りのない限り，第 2 話以降では t の関数 X の 1 階微分を $\dot{X}(\equiv dX/dt)$，2 階微分を $\ddot{X}(\equiv d^2X/dt^2)$ と表すことにします．

1. 腕試し

> **例題 2.1** 次の微分方程式を解け．
>
> (1) $\dot{y} + ay = b$, $y(0) = h$, 　　　　　　　　　京都大（改題）
>
> (2) $\dot{y} - 2ty = ty^2$, 　　　　　　　　　　　　　東京工業大
>
> (3) $\ddot{y} - 3\dot{y} - 4y = e^{-t}$, 　　　　　　　　　　一橋大
>
> (4) $\begin{pmatrix} \dot{x} \\ \dot{y} \end{pmatrix} = \begin{pmatrix} 3 & 2 \\ -2 & -2 \end{pmatrix} \begin{pmatrix} x \\ y \end{pmatrix}$, $\begin{pmatrix} x(0) \\ y(0) \end{pmatrix} = \begin{pmatrix} 0 \\ 1 \end{pmatrix}$, 　　横浜国立大（改題）

1.1 (1) の解答

　もっとも基本的な1階微分方程式です．解答へのアプローチとしては，どうすれば簡単に積分できるかという観点からいかに式を変形するかです．この例題では与えられた微分方程式の両辺に e^{at} をかけてみます．こうすれば，

$$\dot{y}e^{at} + aye^{at} = \frac{d(ye^{at})}{dt} = be^{at},$$

となって積分計算が簡単になります．よって両辺を不定積分すれば $ye^{at} = (b/a)e^{at} + C$ となって（C は任意の積分定数），この両辺を e^{at} で割れば，

$$y = Ce^{-at} + \frac{b}{a}, \tag{2.1}$$

となります．ここで (2.1) 式右辺第1項は同次方程式の一般解，第2項の b/a は非同次方程式の特殊解すなわち定常値です．第1話と同様，この例題における特殊解は $\dot{y} = 0$ とおけば簡単に求め

られます．一方，この例題では初期条件が与えられているのでこれを使います．$y(0) = C + b/a = h$ より $C = h - b/a$ と任意定数が定まり，

$$y = \left(h - \frac{b}{a}\right)e^{-at} + \frac{b}{a}, \tag{2.2}$$

が確定解として得られます[※1]．なお，$t \to \infty$ のときに (2.1) もしくは (2.2) 式が定常値に収束するためには $e^{-at} \to 0$ にならねばならず，この例題においては $a > 0$ がその条件となります．

1.2　(2) の解答

右辺に y^m $(m \neq 0, 1)$ があるので，この微分方程式は**ベルヌーイ型**（第 I 部第 4 話参照）です．この例題では $u = y^{-1}$ とおいて変形すれば (1) のような微分方程式が得られます．u の定義式の両辺を t で微分して $\dot{u} = -y^{-2}\dot{y}$ になることを利用して，与えられた微分方程式の両辺を y^2 で割れば，

$$\dot{u} + 2tu = -t,$$

と書き換えられます．次に上式両辺に e^{t^2} をかければ，

$$\dot{u}e^{t^2} + 2tue^{t^2} = \frac{d(ue^{t^2})}{dt} = -te^{t^2} = -\frac{1}{2}\frac{d(e^{t^2})}{dt},$$

となって，積分によって両辺の微分演算を消すことができます．ここから C を任意の積分定数として，

[※1] 通常微分方程式は不定積分で解を求めるが，この例題のように簡単な 1 階微分方程式であれば定積分を使って直接 (2.2) 式を計算できる．被積分変数を τ に変えて積分区間を $[0, t]$ にして定積分すると，

$$\left[ye^{a\tau}\right]_{\tau=0}^{t} = ye^{at} - h = b\left[\frac{1}{a}e^{a\tau}\right]_{\tau=0}^{t} = \frac{b}{a}e^{at} - \frac{b}{a},$$

になって，これを整理すれば (2.2) 式が得られる．

$$u = Ce^{-t^2} - \frac{1}{2},$$

となって，記号を元に戻して，

$$y = \frac{1}{Ce^{-t^2} - 1/2}, \tag{2.3}$$

が答えとなります．

1.3 （3）の解答

これは2階微分方程式ですが，定数係数なので第1話（や第I部第3話）の解説をヒントに何とかなりそうです．

与えられた微分方程式の右辺をゼロとおいた余方程式の解を$Ce^{\lambda t}$とおいて試します．すると固有方程式，

$$\lambda^2 - 3\lambda - 4 = (\lambda - 4)(\lambda + 1) = 0,$$

が得られ，固有値は$\lambda = -1, 4$と求められます．ここから基本解はe^{-t}, e^{4t}の2つあり，余関数は，

$$y = C_1 e^{-t} + C_2 e^{4t},$$

となります（C_1, C_2は任意定数）．

次に特殊解を求めますが，右辺がtの関数であるためこれまでの方法は使えません．そこで第I部第3話で解説された**未定係数法**を利用します．いま特殊解をy^p（当然これはtの関数）とおいて，$y^p = Ae^{-t}$（Aは未定係数）を与えられた微分方程式に代入して整理します．しかし$0 = e^{-t}$となって題意を満たしません．ならばと$y^p = Ate^{-t}$とおいて試してみます．すると$-5Ae^{-t} = e^{-t}$となって$A = -1/5$と求められ，$y^p = -(1/5)te^{-t}$が特殊解となりま

す[※2]．ゆえに差分方程式と同様，一般解は余関数と特殊解の和として，

$$y = C_1 e^{-t} + C_2 e^{4t} - \frac{1}{5} t e^{-t}, \tag{2.4}$$

と求められます．なお，$t \to \infty$ のときに $e^{4t} \to \infty$ となるので，(2.4) 式は発散するのが分かります．

1.4　(4)の解答

これは第Ⅰ部第5話で登場したベクトルと行列を使って表される微分方程式，すなわち連立微分方程式です．ただ，変数は2つしかありませんので第1話の方法にならって力業で解いていきます．

与えられた微分方程式の係数行列から固有方程式を導出すると，

$$\begin{vmatrix} 3-\lambda & 2 \\ -2 & -2-\lambda \end{vmatrix} = (\lambda-2)(\lambda+1) = 0,$$

となって，固有値は $\lambda = -1, 2$，つまり基本解は e^{-t}, e^{2t} となります．次に各固有値に対応した固有ベクトルを求めます．第1話と同じ方法で $\lambda = -1$ のときには $\begin{pmatrix} 1 \\ -2 \end{pmatrix}$，$\lambda = 2$ のときには $\begin{pmatrix} 1 \\ -1/2 \end{pmatrix}$ とそれぞれ固有ベクトルが求まります．よって c_1, c_2 を任意定数として余関数は，

$$\begin{pmatrix} x \\ y \end{pmatrix} = c_1 \begin{pmatrix} 1 \\ -2 \end{pmatrix} e^{-t} + c_2 \begin{pmatrix} 1 \\ -1/2 \end{pmatrix} e^{2t}, \tag{2.5}$$

と求められます．最後に，(2.5) 式に初期条件を当てはめます．

[※2] 未定係数法で特殊解を発見するには t の関数 $f(t)$ が指数関数や多項式，三角関数など，ごく一部のケースに限られることに注意されたい．

$$\begin{pmatrix} x(0) \\ y(0) \end{pmatrix} = c_1 \begin{pmatrix} 1 \\ -2 \end{pmatrix} + c_2 \begin{pmatrix} 1 \\ -1/2 \end{pmatrix} = \begin{pmatrix} 0 \\ 1 \end{pmatrix}.$$

ここから任意定数の組み合わせは $(c_1, c_2) = (-2/3, 2/3)$ と計算でき，確定解は成分ごとに，

$$\begin{cases} x = -\dfrac{2}{3} e^{-t} + \dfrac{2}{3} e^{2t}, \\ y = \dfrac{4}{3} e^{-t} - \dfrac{1}{3} e^{2t}, \end{cases} \tag{2.6}$$

と表せます．なお，$t \to \infty$ のときに $e^{2t} \to \infty$ となるので，(2.6)式は定常値 $\begin{pmatrix} x^* \\ y^* \end{pmatrix} = \begin{pmatrix} 0 \\ 0 \end{pmatrix}$ に近づくことなく発散するのが分かります．

2. ソローモデルへの応用

例題 2.2 技術進歩を考慮しない以下のようなソローモデルを考える．

生産関数：$Y_t = K_t^\alpha L_t^{1-\alpha}, \ 0 < \alpha < 1,$

資本蓄積：$\dot{K}_t = I_t - \delta K_t, \ 0 < \delta < 1,$

消費関数：$C_t = (1-s) Y_t, \ 0 < s < 1,$

人口成長率：$\dot{L}_t / L_t = n, \ n > 0.$

ただし，Y_t を GDP，K_t を資本ストック，L_t を労働人口，I_t を投資，C_t を消費とし，資本分配率 α，人口成長率 n，資本減耗率 δ，貯蓄率 s はそれぞれ一定であるとする．

(1) 資本労働比率 $k_t (\equiv K_t/L_t)$ の動態を表す微分方程式を導出しなさい．

(2) (1) で導出した微分方程式において，$k_0 > 0$ なる初期状態から定常状態に収束することを証明しなさい．それに合わせて資本労働比率の定常値 k^* を計算しなさい．

(3) 当初，経済が定常状態にあるとして，貯蓄率が恒久的に低下したとする．このときの労働生産性 $y_t (\equiv Y_t/L_t)$ の成長率に与える影響について説明しなさい．

(4) 当初，経済が定常状態にあるとして，人口成長率が恒久的に低下したとする．このときの労働生産性 $y_t (\equiv Y_t/L_t)$ の成長率に与える影響について説明しなさい．

九州大ほか（改題）

例題1.4 の設定を微分方程式に表現し直した問題です．技術進歩に関する変数がありませんので，そこまで難しくないでしょう．

2.1 解答

k_t に関する微分方程式を導出する問題ですが，与えられた諸式だけでは答えにたどり着けません．例題1.4 にある財の総需要を表す式 $Y_t = C_t + I_t$ が必要だからです．そこでこの式に資本蓄積を表す式および消費関数を代入して整理すれば，

$$\dot{K}_t = sK_t^\alpha L_t^{1-\alpha} - \delta K_t,$$

となって，この式を k_t を微分した式 $\dot{k}_t = \dot{K}_t/L_t - nk_t$ に代入して整理すれば，

$$\dot{k}_t = sk_t^\alpha - (n+\delta)k_t, \tag{2.7}$$

が得られ，(1) の答えになります．

(2.7) 式を見れば，（ここでは技術進歩率がゼロなだけで）式の構

造そのものは (1.10) 式と同じです．なので (2.7) 式から位相図を描いてもその動態の性質は図 1–2 と同じで，$k_0>0$ なる初期条件から出発する動態は必ず定常値に収束します．なお，定常状態に到達すれば $\dot{k}_t=0$ になりますから，(2.7) 式より，

$$k_t = \left(\frac{s}{n+\delta}\right)^{\frac{1}{1-\alpha}} \equiv k^*, \qquad (2.8)$$

と定常値を計算できます（(2) の答え）．

(3) 以降は図を用いて解答します．問題文通り，当初を t_0 期としてこのもとで定常状態が実現していたとします．これは図 2–1 左側に描かれているように，2 つの曲線 sk_t^α と $(n+\delta)k_t$ の交点に対応する k^* に経済がいる状況です．そして，この図において 2 曲線の垂直差が $\dot{k}_t$ を表します．定常状態は $\dot{k}_t = \dot{y}_t = 0$ でしたから，このときの労働生産性の成長率 ($\dot{y}_t/y_t$) はゼロであり，図 2–1 右側において横軸上に座標がある状況です．

このもとで貯蓄率 s が低下してそれ以降その水準で持続したとします．これによって図 2–1 左側の図において sk_t^α が下にシフトしますから，これと $(n+\delta)k_t$ の垂直差である $\dot{k}_t$ はマイナスになります．これは k_t が新たな定常値 $k^{**}(<k^*)$ に向かって低下することを意味します．

図 2–1 の左側で t_0 期における s の低下によって $\dot{k}_t$ は急激に低下するのが予測できます．これは等しく $\dot{y}_t$ も急激に低下すると予測できますから，図 2–1 右側では $\dot{y}_t/y_t$ が不連続に下方に移動（経済分析ではジャンプするという）します．ですが，経済は新たな定常値へスムーズに向かうのでマイナスの $\dot{y}_t/y_t$ も徐々に回復し，やがて横軸に漸近し，すなわちゼロに戻ります（(3) の答え）．

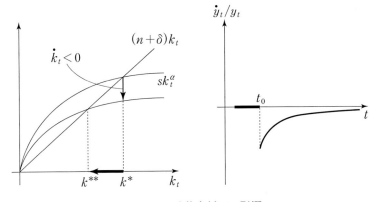

図 2-1　貯蓄率低下の影響

次に，t_0 期において経済が定常状態にいたとして，人口成長率 n が低下してそれ以降その水準で持続したとします．これによって図 2-2 左側の図において $(n+\delta)k_t$ が下にシフトしますから，これと sk_t^a の垂直差である $\dot{k}_t$ は (3) とは逆にプラスになります．これは k_t が新たな定常値 $k^{**}(>k^*)$ に向かって上昇するのを意味します．

t_0 期における n の低下によって $\dot{k}_t$ は急激に上昇します．これは等しく $\dot{y}_t$ も急激に上昇しますから，図 2-2 右側では $\dot{y}_t/y_t$ が不連続に上方にジャンプします．ですが，このケースでも経済は新たな定常値に向かうのでプラスの $\dot{y}_t/y_t$ は徐々に低下し，早晩その成長率もゼロに戻ります（(4) の答え）．

2.2　プチ解説

ソローモデルに関する問題において，特に (3) や (4) のようにパラメーターの変化に対する動態や定常値の変化が結構な頻度で

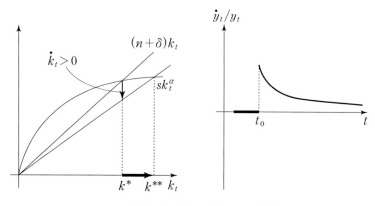

図2-2 人口成長率低下の影響

問われます．特に，経済成長理論においてパラメーターの変化がもたらす影響について調べるのを<u>比較動学分析</u>といいます．ここでは貯蓄率や人口成長率の変化が経済の動態に与える影響を見てきましたが，この例題から見えることについて軽く解説しようと思います．

貯蓄率が恒久的に低下，もしくは人口成長率が恒久的に低下した直後において労働生産性の成長率は真逆の反応を示しましたが，やがて同じ成長率に回復しました．これはソローモデルが大域安定であるという性質がもたらす恩恵です．一見すると長期的な影響はなさそうですがそうではありません．

第1話と同様，成長率を表す記号を $\Gamma_X\ (\equiv \dot{X}_t/X_t)$ とします．このとき，資本労働比率の成長率は，

$$\Gamma_k = \frac{\dot{K}_t}{K_t} - n,$$

と書けますが，定常状態ではこれがゼロ，すなわち $\Gamma_k = n$ が成り立ちます．同様にして労働生産性の成長率，

$$\varGamma_y = \frac{\dot{Y}_t}{Y_t} - n,$$

より $\varGamma_Y = n$ となって，この例題においても均斉成長経路が実現します[※3]．この結論は第 1 話と同じであり，使用する数学ツールの違いで結果が変わらないのはある意味当然と言えるでしょう．

これを踏まえると，(3) と (4) の結果の相違が明瞭になります．貯蓄率の恒久的低下によって当初は労働生産性の成長率はマイナスになりますが早晩解消され，もとの均斉成長経路に戻ります．ですが，人口成長率の恒久的低下によって当初は労働生産性の成長率はプラスになりますが，それはやがて以前より低い均斉成長経路に行き着いてしまいます．その意味で，長期的に人口成長率の変化はより大きな影響を及ぼすのが理解できます．

3. 生産関数の違い

例題 2.3 技術進歩のない閉鎖経済下のソローモデルを考える．生産関数が次式のごとく与えられるとき，経済の動態がどのようになるのかを検討しなさい．

(1) $Y_t = BK_t + K_t^\alpha L_t^{1-\alpha}$, $B > 0$, $0 < \alpha < 1$　　　早稲田大（改題）

(2) $Y_t = \min\{aK_t, bL_t\}$, $a, b > 0$,　　　京都大（改題）

第 1 話で生産関数の性質について解説しましたが，ここではそれとは違う生産関数が仮定されたとき，例題 2.2 の特に (1) およ

[※3] 与えられた消費関数を使えば，定常状態において $\varGamma_C = n$ が成り立つことからも明らか．

び (2) がどのように変わるのかを検討せよ…という問題です.

3.1 (1) の解答

これまでと形が違うので，解答に進む前に与えられた生産関数の性質を第1話にもとづいてチェックします．

$$\frac{\partial Y_t}{\partial K_t} = B + \alpha K_t^{\alpha-1} L_t^{1-\alpha} > 0, \quad \frac{\partial^2 Y_t}{\partial K_t^2} = \alpha(\alpha-1) K_t^{\alpha-2} L_t^{1-\alpha} < 0,$$

$$\frac{\partial Y_t}{\partial L_t} = (1-\alpha) K_t^{\alpha} L_t^{-\alpha} > 0, \quad \frac{\partial^2 Y_t}{\partial L_t^2} = -\alpha(1-\alpha) K_t^{\alpha} L_t^{-\alpha-1} < 0,$$

$$B(\mu K_t) + (\mu K_t)^{\alpha} (\mu L_t)^{1-\alpha} = \mu Y_t.$$

以上の結果から，与えられた生産関数は生産要素に関して収穫逓減かつ規模に関して収穫不変の性質を満たすのが分かります．

生産関数の性質について確認したので，これを使いつつ前節と同じ手順を踏めば，このケースにおける k_t の動態を表す微分方程式は，

$$\dot{k}_t = s(Bk_t + k_t^{\alpha}) - (n+\delta)k_t, \tag{2.9}$$

に修正されます．これまでと同様に位相図によって動態を検討しますが，この場合にはパラメーターの組み合わせによって2つのケースがあります．その結果は図 2-3 に示されています．

1つ目が $sB < n+\delta$ のケースで，このとき，図 2-3 (a) に描かれているように (2.9) 式の形状の本質は図 1-2 と変わりありません．すなわち，任意の初期条件 k_0 から始まる動態は正の定常値，

$$k^* = \left(\frac{s}{n+\delta-sB}\right)^{\frac{1}{1-\alpha}}, \tag{2.10}$$

に向かってスムーズに進みます※4.一方,2つ目が $sB>n+\delta$ のケースで,図2-3(b)に描かれているように(2.9)式は原点以外に横軸との交点を持ちません.これは任意の初期条件 k_0 から始まる動態が(自明な定常状態である)原点から離れて発散することを意味します.

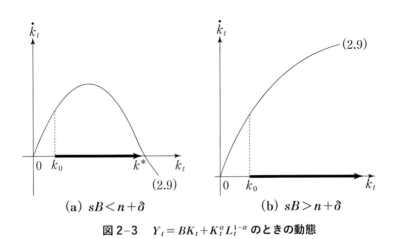

図2-3 $Y_t = BK_t + K_t^\alpha L_t^{1-\alpha}$ のときの動態

3.2 (2)の解答

このケースで仮定される生産関数は(1)とは別な意味で特殊な表現です.経済分析では<u>レオンティエフ型</u>とか固定係数型などとよばれるもので,右辺の $\min\{aK_t, bL_t\}$ は aK_t と bL_t のどちらか小さい方で生産が決まることを表しています.そこでこの生産関数を場合分けして表現すると,

---

※4 ゆえに,このケースでは例題2.2(3)および(4)の解答の性質も変わらない.なお容易に分かるように,(2.10)式は(2.8)式よりも大きい.

$$Y_t = \begin{cases} aK_t, & \text{if } k_t \leq b/a, \\ bL_t, & \text{if } k_t > b/a, \end{cases} \qquad (2.11)$$

となります.ここから,この生産関数は生産要素に関して収穫逓減の性質を満たしませんが,規模に関して収穫不変の性質を満たすのが分かります.

場合によって生産関数の形が2つあり得るので,ここで考える微分方程式も2本導出されます.まず,$k_t \leq b/a$ のときには (2.11)式より $Y_t = aK_t$ ですから,

$$\dot{k}_t = (sa - n - \delta)k_t, \qquad (2.12\mathrm{a})$$

そして $k_t > b/a$ のときには $Y_t = bL_t$ であって,

$$\dot{k}_t = sb - (n + \delta)k_t, \qquad (2.12\mathrm{b})$$

とそれぞれ与えられます.(2.12b)式は右下がりの直線であるのは間違いありませんが,(2.12a)式は $sa - n - \delta$ の符号によって傾きが変わり,それによって経済の動態は大きく異なります.このことを図2-4で確認します.

まず $sa > n + \delta$ のケースを考えます.このとき図2-4(a)にあるように (2.12a)式は右上がりの直線となり,(2.12b)式と $k_t = b/a$ のときに交わります.ここで $k_0 < b/a$ を満たす初期条件を図の位置に与えたとします.それ以降の動態は次のように進みます.このときの微分方程式は (2.12a)式にしたがい,しかも初期条件の段階では $\dot{k}_0 > 0$ ですから k_t はスムーズに増加し,早晩 $k_t = b/a$ に到達します.このときにも $\dot{k}_t > 0$ ですから k_t の増加は止まりませんが,その瞬間に $k_t > b/a$ になって今度は (2.12b)式にしたがって進み始めます.最終的にはこれと横軸の交点に対応する,

$$k^* = \frac{sb}{n+\delta}, \qquad (2.13)$$

で与えられる定常値に到達し，ここで定常状態が成立します．

次に $sa=n+\delta$ のケースを考えます．このとき図 2-4 (b) にあるように (2.12a) 式は横軸に重なります．(a) と同様に $k_0<b/a$ を満たす初期条件を図の位置に与えたとします．ここからの動態は (a) と同様 (2.12a) 式にしたがいますが，この時点で $\dot{k}_0=0$ が成り立ちそこでとどまり続けてしまいます．つまり，このケースは任意の初期条件がそのまま定常値となります[※5]．

最後に $sa<n+\delta$ のケースを考えます．このとき図 2-4 (c) にあるように (2.12a) 式は右下がりの直線となり，(a) と同様 (2.12b) 式と $k_t=b/a$ のときに交わります．そして，(a)(b) と同様にここでも $k_0<b/a$ を満たす初期条件を図の位置に与えたとします．ここからの動態も (2.12a) 式にしたがいますが，このケースでは初期条件の段階で $\dot{k}_0<0$ であって，k_t はスムーズに減少して，早晩 $k_t=0$ に到達してしまいます．

3.3　プチ解説

以下では，この例題から見える事項についてかいつまんで解説します．

まず (1) の結果は第 1 話で解説した生産関数の性質を満たすに

[※5] ただし，$k_0>b/a$ なる初期条件のもとでは (2.12b) 式によって k_t の動きが決まるが，このとき $\dot{k}_0<0$ であって，その後の動態は $k_t=b/a$ に向かって収束する．そしてこの場合に限り，資本と労働の完全利用（後述）が実現する．

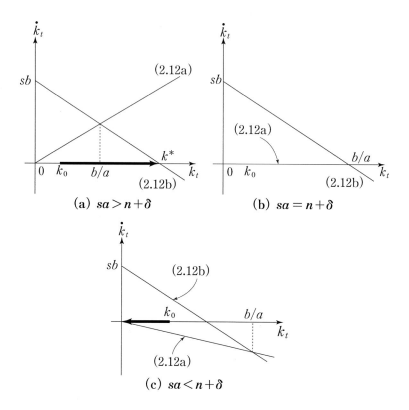

図2-4 $Y_t = \min\{aL_t, bL_t\}$ のときの動態

もかかわらず,場合によっては経済システムが発散するケースがあり得ることを示しています.厳密に言えば,この生産関数は第1話の性質すべてを満たしているわけではなく,K_t に関して稲田条件 (1.14d) 式を満たしません.実際チェックすると,

$$\lim_{K_t \to +\infty} \frac{\partial Y_t}{\partial K_t} = B + \alpha \lim_{K_t \to +\infty} K_t^{\alpha-1} L_t^{1-\alpha} = B > 0,$$

となって定数 B が残ってしまいます.ただ,$\partial Y_t / \partial K_t$ の極限が

正の値であったとしても，それがある基準値を下回れば（たとえば，$B<(n+\delta)/s$）経済システムに本質的影響はありません．

一方 (2) において，(2.12)式は例題2.1 (1) のごとく定数係数の1階微分方程式でしたから簡単に解けそうな印象を与えますが，そう簡単に問屋は卸さない…これが経済分析の難しいところです．

1点誤解を解いておくと，(2.11)式の表現では生産がより少ない生産要素のみを利用して行われると思われてしまいますがそうではありません．たとえば，$k_t<b/a$ という状況は少ない資本を完全に利用するのに必要かつ十分な労働力が投入されていること，別言すれば労働力が（相対的に）過剰に存在する状況を表しています[※6]．図2-4では一貫して $k_0<b/a$ なる初期条件を考えましたが，これは初期時点において労働力が（相対的に）過剰に存在する状況を暗に前提していたのです．

さて，$sa>n+\delta$ のケースでは k_0 から始まる動態は定常値に収束しましたが，図2-4 (a) より $k^*>b/a$ であるのに注意が必要です．先述の話を踏まえると，(2.13)式は資本が過剰に存在する状況です．つまり，このケースでは定常値に向かう途中で労働力の過剰感が解消されるものの，その後は逆に資本の過剰感が残る状態に陥ってしまうのを示しています[※7]．他方，$sa=n+\delta$ のケースでは任意の初期条件で定常状態となりました．これは労働力の過剰感が一向に解消されないことを表しており，その意味で，レオ

[※6] その意味で，(2.12a) 式は資本の完全利用が実現するときの微分方程式であり，これにしたがって定まる成長軌道を経済成長理論では<u>保証成長経路</u>という．

[※7] それは (2.12b) 式にしたがっているからであるが，これは（相対的に）より少なくなった労働の完全利用が実現するときの微分方程式であることを意味する．そして，これを通じて定まる成長軌道を<u>自然成長経路</u>という．

ンティエフ型の生産関数を前提すると資本と労働がともに完全利用される状況は持続しないという結論を導きます．

さらに都合悪いことに，$sa<n+\delta$ のケースでは労働の過剰感の解消どころか $k_t \to 0$ となってしまいました．これは経済システムの崩壊を意味しており，以上のことから，システムが生産要素の過剰感が完全に解消されずとも持続可能であるためには，少なくとも $sa \geq n+\delta$ でなければならないことを示しています．

4. 政府の存在

これまで解説してきたソローモデルでは政府の活動が考慮されていませんでした．一方で，政府の役割についてあれやこれやと考察するのが経済学の伝統でもあります．本節では，ソローモデルに政府の活動を具体的に挿入した問題を見ていくことにします．

例題 2.4

ある国の財市場が以下のソローモデルで与えられているとする．

生産関数：$Y_t = K_t^\alpha L_t^{1-\alpha}, \quad 0 < \alpha < 1,$

財の総需要：$Y_t = C_t + I_t + G_t,$

資本蓄積：$\dot{K}_t = I_t - \delta K_t, \quad 0 < \delta < 1,$

消費関数：$C_t = (1-s)(Y_t - T_t), \quad 0 < s < 1,$

政府支出：$G_t = \sigma L_t, \quad \sigma > 0,$

人口成長率：$\dot{L}_t / L_t = n, \quad n > 0.$

ただし，Y_t を生産量，K_t を資本ストック，L_t を労働人口，I_t を投資，C_t を消費，G_t を政府支出，T_t を税収とする．資本分

配率 α，人口成長率 n，資本減耗率 δ，貯蓄率 s，1人当たり政府支出 σ はそれぞれ一定であるとする．また，政府は公債発行による資金調達ができず，支出の全額が税金によって調達されているとする．

(1) この経済の労働者1人当たり資本ストック $k_t (\equiv K_t/L_t)$ の動きを表す微分方程式を求めなさい．

(2) (1)で導出した微分方程式を使って，安定的な定常状態における政府支出の増加が労働者1人当たり資本ストックに与える影響を答えなさい．

(3) 政府が1人当たり政府支出を一定にするのではなく，政府支出額と生産量の割合を一定，すなわち $G_t/Y_t = \theta$（ただし，$0 < \theta < 1$）にしたとする．このときの労働者1人当たり資本ストックの動きを表す微分方程式を求めなさい．

(4) (3)で導出した微分方程式を使って，政府支出割合の増加が定常状態の労働者1人当たり資本ストックに与える影響を答えなさい．

早稲田大（改題）

　政府は公債発行ができませんからすべての時点で $T_t = G_t$ が成り立ちます．一方，納税はすべての国民の義務ですから，生産すなわち所得から税収を控除した残額（これを可処分所得という）を元手に消費が行われる．この点がこれまでの消費に関する定式化と異なる点です．以下ではこれらを念頭に解答します．

4.1 （1）（2）の解答

まず（1）ですがこれまでと同じ方法です．財の総需要を表す式に資本蓄積，消費関数，税収および政府支出を代入して整理すると，

$$\dot{K}_t = sK_t^\alpha L_t^{1-\alpha} - \delta K_t - s\sigma L_t,$$

となり，この式の両辺を L_t で割って整理することで，このケースでの微分方程式が導出できます．

$$\dot{k}_t = sk_t^\alpha - (n+\delta)k_t - s\sigma. \tag{2.14}$$

（2.7）式と比べると，政府支出（および税収）が1人当たり一定とした場合，（2.14）式右辺のように定数項 $-s\sigma$ が加わります．そこで（2.14）式から位相図を描き，これを使って解いていきます．その結果が図2-5に示されています．これを見てただちに分かるのは定数項がある影響で逆U字型の曲線全体が（政府支出がないケースに比べて）下にシフトし，結果として2つの正の定常値 k^-, k^+ が存在することです．とはいえ，図にあるように $k^- < k_0 < k^+$ を満たす範囲に初期条件があればその後の動態は k^+ に向かってスムーズに進み，早晩安定的な定常状態が実現するのが分かります[※8]．逆に言えば，もう1つの定常値 k^- は一度離れたら二度と戻らないという意味で不安定であるのが分かります．実際，$0 < k_0 < k^-$ を満たす範囲に初期条件がある場合はこの時点で $\dot{k}_0 < 0$ であって，これが持続する限りスムーズに減少します．そして，早晩原点に到達して動きが止まります．

[※8] 詳細な証明はしないが，k^+ は (2.8) 式よりも小さい．

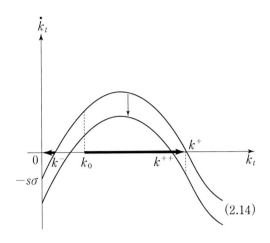

図 2-5 $G_t/L_t = \sigma$ のときの動態

　問題はここからで，経済が k^+ にいる状況で 1 人当たり政府支出 σ が増加[※9] したときの影響を調べるものです．これについても図 2-5 から確認します．図から分かる通り，σ の上昇で曲線が下にシフトすることでその時点に $\dot{k}_t < 0$ になって，新たな定常値 $k^{++}(<k^+)$ に向かってスムーズに減少します（(2)の答え）．

4.2　(3)(4) の解答

　今度は政府支出が生産量に対する割合を一定にするケースを考えます．これまでと同様の方法でこのときの微分方程式は，

$$\dot{k}_t = (1-\theta)sk_t^\alpha - (n+\delta)k_t. \tag{2.15}$$

で与えられ（(3)の答え），これを図示した図 2-6 を見れば図 1-2

[※9] ここでは $G_t = T_t$ だから，σ の上昇は増税されたことを意味する．この点は後に検討する θ の上昇も同じである．

と同様に逆U字型の曲線となるのが分かります．なので任意の初期条件から始まる動態の性質は例題2.2と同じで，k_0から定常値，

$$k^* = \left\{\frac{(1-\theta)s}{n+\delta}\right\}^{\frac{1}{1-\alpha}}, \tag{2.16}$$

に向かってスムーズに進みます．

当初，経済が(2.16)式を満たす定常状態にいたとしてこのもとで政府がθを上昇させたとします．するとこれまでと同様にこの時点で$\dot{k}_t<0$になって，新たな定常値$k^{**}(<k^*)$に向かってスムーズに減少します（(4)の答え）．

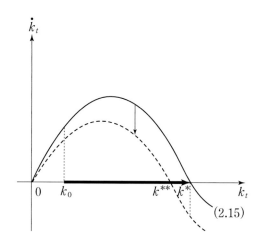

図2-6　$G_t/Y_t=\theta$のときの動態

4.3 プチ解説

以上で政府活動の存在するソローモデルの問題を解説しましたが，いずれのケースも政府支出の増加（経済分析では<u>財政政策</u>という）が（安定的な）定常値を低下させる結果をもたらしました．

例題 2.2 の類推で言うと，財政政策の実施によって資本労働比率（したがって労働生産性 Y_t/L_t）の成長率は一時的に低下しますが，新たな定常状態における均斉成長経路は同じです．その意味で，財政政策の長期的効果はないと評価していいかもしれません．

このような結果を導く要因の1つは政府支出の使途が明らかになっていないからです．たとえば投資は資本蓄積の源泉，それを通じて生産力の増強につながります．所得から消費を控除した貯蓄は投資資金の源泉となります．ところが，支出された政府支出がどこに行くのか？この点が不明なままです．そこでここでは，政府支出の使途として生産力の強化を考えます[※10]．そのために生産関数を，

$$Y_t = K_t^\alpha G_t^\beta L_t^{1-\alpha-\beta}, \tag{2.17}$$

に修正します（ただし，$0<\beta<1$, $\alpha+\beta<1$）．そして，このもとで前項までの話がどう修正されるのかについてかいつまんで検討します．

(2.17) 式を念頭に，最初に1人当たり政府支出が一定であるケースを考えます．このとき生産関数は $G_t = \sigma L_t$ を (2.17) 式に代入して $Y_t = \sigma^\beta K_t^\alpha L_t^{1-\alpha}$ になることを利用すれば，(2.14) 式は，

$$\dot{k}_t = s\sigma^\beta k_t^\alpha - (n+\delta)k_t - s\sigma. \tag{2.18a}$$

に修正されます．σ の上昇がその後の動態に与える影響を調べるには (2.18a) 式を σ で偏微分すればよく，

$$\frac{\partial \dot{k}_t}{\partial \sigma} = s(\beta\sigma^{\beta-1}k_t^\alpha - 1) \gtreqless 0 \iff k_t \gtreqless \left(\frac{\sigma^{1-\beta}}{\beta}\right)^{\frac{1}{\alpha}}. \quad （複号同順）$$

[※10] 具体的には電気，水道，ガスなどのライフラインや道路，もっと広くみれば警察や国防なども挙げられる．

となります．ここから k_t がある値を上（下）回るときに資本労働比率がプラス（マイナス）方向に変化するのが分かります．

次に，政府支出が生産量に対する割合を一定にするケースを考えます．このときの生産関数は $G_t = \theta Y_t$ を (2.17) 式に代入して $Y_t = \theta^{\frac{\beta}{1-\beta}} K_t^{\varepsilon} L_t^{1-\varepsilon}$（ただし，$\varepsilon \equiv \alpha/(1-\beta), 0 < \varepsilon < 1$）になることを利用して，(2.15) 式は，

$$\dot{k}_t = s\theta^{\frac{\beta}{1-\beta}} k_t^{\varepsilon} - (n+\delta)k_t. \qquad (2.18\text{b})$$

に修正されます．そして，先と同様に θ の上昇がその後の動態に与える影響を調べます．

$$\frac{\partial \dot{k}_t}{\partial \theta} = s\theta^{\frac{\beta}{1-\beta}} k_t^{\varepsilon} \left(-1 + \frac{\beta(1-\theta)}{\theta(1-\beta)} \right) \gtreqless 0 \iff \beta \gtreqless \theta. \quad (\text{複号同順})$$

ここから θ が β を下（上）回るときに資本労働比率がプラス（マイナス）方向に変化するのが分かります^{※11}[※11].

ここでは政府支出が生産力の増強に貢献すると考えたケースを扱い，そのもとで政策変更がプラスの影響を及ぼす効果について軽く検討しました．ただ，そうであっても政策変更後に実現する定常状態では以前と同じ均斉成長経路上をたどるのを容易に確認できます．それで言えば，政府支出の使途を考える場合，均斉成長経路にいかにプラスの効果をもたらすか？ここを考える必要があるでしょう．

※11 ちなみに，この条件は (2.18b) 式から計算される定常値，

$$k^* = \left\{ \frac{(1-\theta)s\theta^{\frac{\beta}{1-\beta}}}{n+\delta} \right\}^{\frac{1}{1-\varepsilon}},$$

が θ の上昇で増加する条件と同じである．

5. まとめにかえて

　ここまでは経済系の大学院入試問題で出題された微分方程式について解説してきました．ソローモデルを再度扱った例題 2.2 以降は数学の本としてはあり得ないくらい文章だらけの解説でした．その代わり，微分方程式が描く変数の動態については図を多用しました．ここに微分方程式を使って経済分析を行う際のスタンスが表れていると思います．差分方程式も同様ですが，解析的に解ける微分方程式はごくわずかであり，解けそうにない微分方程式に遭遇すると思考停止してしまいがちになります．いまだとコンピューターを使って解析できるかもしれませんが，与えられた微分方程式をたとえば位相図に作図できればそれはそれで強力な武器になるはずです．

　あと 2 つ，私の独り語りが続きます．

第3話

異時点間最適化問題の扉を開く

　これまで私中村が担当した2つのお話は，差分方程式なり微分方程式を用いた経済分析に典型なソローモデルを中心に据えました．そのもっともらしい根拠としては，GDPに代表される集計変数の動態を理論的に考察する出発点としてソローモデルが一番適しているからです．

　その一方で，数学を用いた経済分析の王道といえばやはり**制約条件つき最適化問題**でしょうか．経済学の究極の目的は市場参加者の「豊かさ」が全体としてどうなるのかを探ることですが，その前段階として個々の経済主体の最適化行動を詳細に分析します．その背後には経済学なりの人間観があります．人間は欲望に根ざした存在．ただ，欲望実現を最優先するように振る舞えば経済システムは正常に機能しない．だから欲望を叶えるために考えねばならないことがあり，これが制約．まさに制約条件つき最適化行動が人間の合理的行動を数学的に記述するツールとして最もふさわしい…こんな感じでしょうか．

これまではその時点の「豊かさ」を記述するのに腐心していたのですが，20世紀半ばあたりから将来時点のことを踏まえた「豊かさ」について分析できるツールが出てきました．それが**異時点間最適化問題**です．そこで第3話ではこれにつながる入試問題を取り上げたいと思います．

1. 腕試し

> **例題 3.1**
> いま，$f(x, y) = x^2 + 2y^2$ として $x > 0, y > 0$ の範囲で考える．
> (1) $f(x, y) = 9$ という条件のもとで $c(x, y) = 2x + y$ の最大値を求めなさい．
> (2) $f(x, y) = \dfrac{10}{3}$ という条件のもとで $d(x, y) = x^2 y^3$ の最大値を求めなさい．
>
> 東京大

典型的な制約条件つき最適化問題です．準備作業として，例題の記号を使いつつこの問題を一般的に定式化すると，

$$\text{Max}\ \ c(x, y),$$
$$\text{s.t.}\ \ A - f(x, y) = 0,$$

となります[※1]．ここで A は例題に即して定数（なくても構わない）

[※1] ここで記述される問題を**主問題**といい，この問題の目的関数と制約条件式を入れ替えた，

$$\text{Min}\ \ f(x, y),$$
$$\text{s.t.}\ \ \bar{C} - c(x, y) = 0,$$

を**双対問題**という．もちろん，ここで示した双対問題においても $\bar{C}$ はなくて構わない．

です．特に断りのない限り，本書では一貫して制約条件つき最大化問題を扱いますが，制約条件つき最小化問題でも本質は同じです．詳細な存在証明はしませんが，この問題は制約条件のない，

$$\mathcal{L}(x, y, \lambda) = c(x, y) + \lambda\{A - f(x, y)\}, \tag{3.1}$$

の最大化問題を解くことと同じであるのが知られています．ここで $\lambda(>0)$ を**ラグランジェ乗数**，(3.1) 式のことを**ラグランジアン**とかラグランジェ関数などといい，これを用いて制約条件つき最適化問題を解く方法を**ラグランジェ乗数法**といいます．

1.1 （1）の解答

与えられた諸式を用いてここでのラグランジアンを定義すると，

$$\mathcal{L}(x, y, \lambda) = 2x + y + \lambda(9 - x^2 - 2y^2),$$

となり，ここから最大化のための **1 階条件**を導出します．

$$\frac{\partial \mathcal{L}(x, y, \lambda)}{\partial x} = 0 \Longleftrightarrow 2 - 2\lambda x = 0, \tag{3.2a}$$

$$\frac{\partial \mathcal{L}(x, y, \lambda)}{\partial y} = 0 \Longleftrightarrow 1 - 4\lambda y = 0, \tag{3.2b}$$

$$\frac{\partial \mathcal{L}(x, y, \lambda)}{\partial \lambda} = 0 \Longleftrightarrow 9 - x^2 - 2y^2 = 0. \tag{3.2c}$$

次に，(3.2a) および (3.2b) 式から λ を消去して x と y の満たす関係式を導出します．

$$x = 4y.$$

これと (3.2c) 式すなわち制約条件式を連立しつつ変数の定義域 $(x, y > 0)$ に注意すれば，最大値に対応する x, y の組み合わせは $(x^*, y^*) = (2\sqrt{2}, \sqrt{2}/2)$ となり，これを (3.2a) もしくは (3.2b) 式に代入すれば $\lambda^* = \sqrt{2}/4$ となります．最後に，(x^*, y^*) を目的

関数に代入すれば求めるべき最大値は $c(x^*, y^*) = 9\sqrt{2}/2$ となります.

1.2 （2）の解答

ここでも与えられた諸式を用いてラグランジアンを定義します．

$$\mathcal{L}(x, y, \lambda) = x^2 y^3 + \lambda\left(\frac{10}{3} - x^2 - 2y^2\right).$$

ここから最大化のための1階条件を導出します.

$$\frac{\partial \mathcal{L}(x, y, \lambda)}{\partial x} = 0 \Longleftrightarrow 2xy^3 - 2\lambda x = 0, \quad (3.3\text{a})$$

$$\frac{\partial \mathcal{L}(x, y, \lambda)}{\partial y} = 0 \Longleftrightarrow 3x^2 y^2 - 4\lambda y = 0, \quad (3.3\text{b})$$

$$\frac{\partial \mathcal{L}(x, y, \lambda)}{\partial \lambda} = 0 \Longleftrightarrow \frac{10}{3} - x^2 - 2y^2 = 0. \quad (3.3\text{c})$$

次に，(3.3a)および(3.3b)式から λ を消去して x と y の満たす関係式を導出します．

$$y^2 = \frac{3}{4}x^2.$$

これと(3.3c)式を連立すれば最大値に対応する x, y の組み合わせは $(x^*, y^*) = (2\sqrt{3}/3, 1)$ となり，これを(3.3a)もしくは(3.3b)式に代入すれば $\lambda^* = 1$ となります．最後に，(x^*, y^*) を目的関数に代入して求めるべき最大値は $d(x^*, y^*) = 4/3$ となります．

1.3 プチ解説

経済分析ではあまりやりませんが，厳密には最適化問題を解いた際に**2階条件**をチェックする必要があります．ここでは最大化問題を扱いましたが，ご想像の通り，1階条件は最小化問題にお

いても同じ条件式を与えます．そのため，1階条件を満足する解 (x^*, y^*) が最大値に対応するかどうかを確認しなければならず，この点について (1) の結果を使ってごく簡単に解説します．

以下で定義される行列を**縁付きヘッセ行列**といいます．

$$H_3 \equiv \begin{pmatrix} \mathcal{L}_{\lambda\lambda} & \mathcal{L}_{\lambda x} & \mathcal{L}_{\lambda y} \\ \mathcal{L}_{x\lambda} & \mathcal{L}_{xx} & \mathcal{L}_{xy} \\ \mathcal{L}_{y\lambda} & \mathcal{L}_{yx} & \mathcal{L}_{yy} \end{pmatrix},$$

ここで $\mathcal{L}_{XY}$ はラグランジアンを2階偏微分したことを表します．そして，制約条件つき最大化問題の解が最大値に対応するためには，以下の2つの**行列式**のすべてが正でなければなりません[※2]．

$$-|H_2| \equiv -\begin{vmatrix} \mathcal{L}_{\lambda\lambda} & \mathcal{L}_{\lambda x} \\ \mathcal{L}_{x\lambda} & \mathcal{L}_{xx} \end{vmatrix} > 0, \tag{3.4a}$$

$$|H_3| \equiv \begin{vmatrix} \mathcal{L}_{\lambda\lambda} & \mathcal{L}_{\lambda x} & \mathcal{L}_{\lambda y} \\ \mathcal{L}_{x\lambda} & \mathcal{L}_{xx} & \mathcal{L}_{xy} \\ \mathcal{L}_{y\lambda} & \mathcal{L}_{yx} & \mathcal{L}_{yy} \end{vmatrix} > 0. \tag{3.4b}$$

(3.4) 式に当てはめるために，(3.2) 式を x, y, λ でそれぞれ偏微分したものに解の組み合わせ $(x^*, y^*, \lambda^*) = (2\sqrt{2}, \sqrt{2}/2, \sqrt{2}/4)$ を代入して計算します．

$$-|H_2| \equiv -\begin{vmatrix} 0 & -4\sqrt{2} \\ -4\sqrt{2} & -\sqrt{2}/2 \end{vmatrix} = 32 > 0,$$

$$|H_3| \equiv \begin{vmatrix} 0 & -4\sqrt{2} & -\sqrt{2} \\ -4\sqrt{2} & -\sqrt{2}/2 & 0 \\ -\sqrt{2} & 0 & -\sqrt{2} \end{vmatrix} = 33\sqrt{2} > 0.$$

よって (1) の解は確かに最大値に対応することが分かりました．なお，(2) も同様の計算で (3.4) 式を満足するのをご自身で確認してみてください．

[※2] これらを**首座小行列式**という．

2. 1期間モデル

> **例題 3.2**
>
> x, y の2財を消費する消費者を考える．この消費者の所得を I とし，p_x, p_y をそれぞれ x 財価格，y 財価格とする．消費者の効用関数 $u(x, y)$ が以下のごとくであるとき，効用が最大になっているときの各財の消費量を求めなさい．
>
> (1) $u(x, y) = x - \dfrac{2}{\sqrt{\alpha y + \beta}}$, $\alpha, \beta > 0$,   　東北大
>
> (2) $u(x, y) = \sqrt{(x-a)y}$, $a > 0$,   　早稲田大
>
> (3) $u(x, y) = \min\{Ax, By\}$, $A, B > 0$.   　神戸大ほか

　経済分析に直接関連する最適化問題において制約条件式は直接定義されず，問題文から定義しなければなりません．この例題では2種類の財を消費することで<u>効用</u>（≒満足度）を得る消費者を考えています．ここで，x, y 財以外に存在し得る財の利用などに関する記述はありませんので，その支出総額は $p_x x + p_y y$ で与えられます．他方，所得は I ですが，将来の生活設計に向けての資産運用などの記述がありませんので，この所得は全額2財の支出に充当されます．よって，この消費者が直面する制約条件式は前節と同様の形式で，

$$I - p_x x - p_y y = 0, \tag{3.5}$$

で与えられ，特に経済分析では<u>予算制約式</u>といいます．

　通常この種の問題では所得および財価格は与えられていると仮

定されます．これを念頭に順次問題を解いていきましょう．

2.1 (1)の解答

前節と同様，与えられた効用関数と(3.5)式を(3.1)式に代入してラグランジアンを定義します．

$$\mathcal{L}(x, y, \lambda) = x - \frac{2}{\sqrt{\alpha y + \beta}} + \lambda(I - p_x x - p_y y).$$

ここから最大化のための1階条件を導出しますが，それは(3.5)式および以下の2式になります．

$$1 - p_x \lambda = 0, \tag{3.6a}$$

$$\frac{\alpha}{(\alpha y + \beta)^{\frac{3}{2}}} - p_y \lambda = 0. \tag{3.6b}$$

(3.6a)式からただちに $\lambda^* = 1/p_x$ と分かり，これを(3.6b)式に代入すれば，

$$y^* = \frac{1}{\alpha}\left[\left(\frac{\alpha p_x}{p_y}\right)^{\frac{2}{3}} - \beta\right],$$

と計算でき，これを(3.5)式に代入すれば，

$$x^* = \frac{\alpha I + p_y \beta}{\alpha p_x} - \left(\frac{p_y}{\alpha p_x}\right)^{\frac{1}{3}},$$

と計算できます．こうして導出された解を経済分析では<u>需要関数</u>といいます．

2.2 (2)の解答

先と同様，ラグランジアンを定義します．

$$\mathcal{L}(x, y, \lambda) = \sqrt{(x-a)y} + \lambda(I - p_x x - p_y y).$$

ここから最大化のための1階条件を導出します．

$$\frac{1}{2}\sqrt{\frac{y}{x-a}} - p_x \lambda = 0, \qquad (3.7\text{a})$$

$$\frac{1}{2}\sqrt{\frac{x-a}{y}} - p_y \lambda = 0. \qquad (3.7\text{b})$$

(3.7)式から λ を消去して整理すれば,

$$y = \frac{p_x}{p_y}(x-a),$$

となって,これと (3.5) 式から需要関数の組み合わせは,

$$(x^*, y^*) = \left(\frac{I+p_x a}{2p_x}, \frac{I-p_x a}{2p_y}\right),$$

と計算できます.最後に,上式を (3.7) 式に代入して整理すれば $\lambda^* = 1/2\sqrt{p_x p_y}$ となります.

2.3 (3) の解答

　この効用関数は例題 2.3 (2) で触れたレオンティエフ型です.この関数の特徴は,$Ax \neq By$ なる財の組み合わせでは仮に所得の全額を使って財を購入したとしてもどちらかの財 (の一部) が消費されずに残ってしまう点でした.これだと実にもったいないので,$Ax = By$ になるように財の組み合わせを選ぶのが最善になります.よってこれと (3.5) 式から需要関数の組み合わせは,

$$(x^*, y^*) = \left(\frac{BI}{p_x B + p_y A}, \frac{AI}{p_x B + p_y A}\right),$$

と簡単に計算できます.ラグランジアンを使わずとも解が計算できる,珍しい例題でした.

2.4 経済分析らしい例題

　次に,計算自体はそこまで難しくないけども経済分析らしい例

題を見てみましょう．

> **例題 3.3**
> 　妻と夫だけで家族が構成されており，家族全体で意思決定を行っている．この家族の効用関数は，
> $$u(\ell_f, \ell_m, C) = \ell_f^a \ell_m^b C^{1-a-b},$$
> で与えられている．ここで ℓ_f は妻の余暇，ℓ_m は夫の余暇，C は家族全体の消費量であり，パラメーター a, b に関して $0 < a < 1,\ 0 < b < 1$ を満たしている．
> 　妻も夫もそれぞれ合計 T 時間保有しており，これを余暇 (ℓ_f, ℓ_m) か仕事 (h_f, h_m) のいずれかに投入している．妻の単位時間当たり賃金は w_f，夫の単位時間当たり賃金は w_m，消費財の価格は p，そして労働に依らない所得は家族全体で R だけある．
> (1) この家族の予算制約式を定義しなさい．
> (2) この家族の効用最大化行動を通じて，妻および夫の労働供給の組み合わせ (h_f^*, h_m^*) を導出しなさい．
> (3) 妻の自分自身の賃金に対する労働供給の弾力性を求めなさい．同様に，夫の自分自身の賃金に対する労働供給の弾力性を求めなさい．
> (4) $w_f = w_m$ かつ $a > b$ を仮定する．妻と夫の賃金がともに 1％上昇したとき，妻と夫のどちらがより多くの労働供給を増やすか．
>
> 　　　　　　　　　　　　　　　　　北海道大（改題）

早速解答していきましょう．

妻も夫も同じ時間賦存量が与えられ，それを余暇と労働に完璧に振り分けますから，$T=\ell_i+h_i$（ただし $i=f,m$）が成り立ちます[※3]．ここから妻もしくは夫の労働所得は $w_i h_i = w_i(T-\ell_i)$ となります．これとその他の所得 R との合計がこの家族の総収入になります．一方，支出は消費以外の記述がないので pC がその合計になります．よって予算制約式は，

$$w_f(T-\ell_f)+w_m(T-\ell_m)+R-pC=0, \qquad (3.8)$$

で定義されます（(1)の答え）[※4]．

次に制約条件つき最適化問題を解きます．与えられた効用関数および (3.8) 式を (3.1) 式に代入して，

$$\mathcal{L}(x,y,\lambda)=\ell_f^a \ell_m^b C^{1-a-b}+\lambda\{w_f(T-\ell_f)+w_m(T-\ell_m)+R-pC\},$$

とラグランジアンが定義できます．1 階条件は (3.8) 式および，

$$a\ell_f^{a-1}\ell_m^b C^{1-a-b}-w_f\lambda=0, \qquad (3.9\text{a})$$

$$b\ell_f^a \ell_m^{b-1} C^{1-a-b}-w_m\lambda=0, \qquad (3.9\text{b})$$

$$(1-a-b)\ell_f^a \ell_m^b C^{-a-b}-p\lambda=0, \qquad (3.9\text{c})$$

と求められます．ここから λ を消去しますが，一旦 ℓ_i と C の関係式としてまとめておきます．

[※3] これは時間という人間が共通して直面する制約なので，予算制約式とは別に<u>資源制約式</u>という．

[※4] 別解として，
$$w_f h_f + w_m h_m + R - pC = 0,$$
も予算制約式である．ただしこの場合，問題を解くには与えられた効用関数を，
$$u(h_f,h_m,C)=(T-h_f)^a(T-h_m)^b C^{1-a-b},$$
と修正する必要がある．

$$\ell_f = \frac{ap}{(1-a-b)w_f} \cdot C, \qquad (3.10\text{a})$$

$$\ell_m = \frac{bp}{(1-a-b)w_m} \cdot C. \qquad (3.10\text{b})$$

(3.10) 式を (3.8) 式に代入して家族消費量は,

$$C^* = \frac{(1-a-b)[(w_f+w_m)T+R]}{p},$$

と計算できます．これを (3.10) 式に戻して家族の余暇時間はそれぞれ,

$$\ell_f^* = \frac{a[(w_f+w_m)T+R]}{w_f},$$

$$\ell_m^* = \frac{b[(w_f+w_m)T+R]}{w_m},$$

と計算でき，これらを時間配分の式に代入してようやく答えに到達します（(2) の答え）．なお，求めた解を経済分析では<u>労働供給関数</u>といいます．

$$h_f^* = \frac{(1-a)w_f T - a(w_m T + R)}{w_f}, \qquad (3.11\text{a})$$

$$h_m^* = \frac{(1-b)w_m T - b(w_f T + R)}{w_m}. \qquad (3.11\text{b})$$

ところで，(3) にある<u>弾力性</u>ですが，これは「変数 x が 1％変化したときに変数 y は何％変化するか？」を示す指標で，

$$\eta \equiv \left| \frac{dy/y}{dx/x} \right| = \left| \frac{dy}{dx} \cdot \frac{x}{y} \right|,$$

すなわち，y を x で微分したものに x/y を乗じたものの絶対値で定義されます[※5]．この定義式に (3.11) 式を当てはめて (3) の答え

[※5] $dx/x, dy/y$ を対数関数の微分 $d\log x/dx, d\log y/dy$ に置き換えて,

$$\eta \equiv \left| \frac{d\log y}{d\log x} \right|,$$

で弾力性を定義する場合もある．

に到達します．ただし，(3.11)式は w_f, w_m の関数なので偏微分することに注意してください．

$$\eta_f = \left| \frac{\partial h_f^*}{\partial w_f} \cdot \frac{w_f}{h_f^*} \right| = \frac{a(w_m T + R)}{(1-a)w_f T - a(w_m T + R)}, \quad (3.12\text{a})$$

$$\eta_m = \left| \frac{\partial h_m^*}{\partial w_m} \cdot \frac{w_m}{h_m^*} \right| = \frac{b(w_f T + R)}{(1-b)w_m T - b(w_f T + R)}. \quad (3.12\text{b})$$

最後の問題です．一見 (3.12) 式を直接使って答えに到達しそうですがそれはできません．なぜなら「妻と夫の賃金がともに…」とあり，(3.11)式より妻 (夫) の労働供給が夫 (妻) の賃金変化の影響を受けるからです．そのため，(3) の結果を踏まえて (4) の答えにたどり着くには別の弾力性を定義する必要があります．それが<u>交差弾力性</u>です．この例でいえば，妻 (夫) から見て夫 (妻) の賃金が 1％変化したときに妻 (夫) の労働供給が何％変化するかを表します．そこで，(3.11)式から 2 人の交差弾力性を計算します．

$$\varepsilon_f \equiv \left| \frac{\partial h_f^*}{\partial w_m} \cdot \frac{w_m}{h_f^*} \right| = \frac{aw_m T}{(1-a)w_f T - a(w_m T + R)}, \quad (3.13\text{a})$$

$$\varepsilon_m \equiv \left| \frac{\partial h_m^*}{\partial w_f} \cdot \frac{w_f}{h_m^*} \right| = \frac{bw_f T}{(1-b)w_m T - b(w_f T + R)}. \quad (3.13\text{b})$$

そして，(3.12a) および (3.13a) 式の和から (3.12b) および (3.13b) 式の和を引きます．その際，問題に即して $w_f = w_m = w$ に記号変換しておきます．

$$(\eta_f + \varepsilon_f) - (\eta_m + \varepsilon_m) = \frac{(a-b)(2wT + R)wT}{[(1-2a)wT - aR][(1-2b)wT - bR]} > 0.$$

パラメーターに関する条件 ($a > b$) より，賃金上昇に対して妻の方がより多くの労働供給を増やすのが分かります ((4) の答え)．

3. 2期間モデル

　前節でみた各例題では，ある時点で獲得した所得は全額消費に回していました．それが制約条件だから…という面もありますが，将来を考える必要のない消費者が前提されるため，有限な資源たる所得を目的なく残すのは合理的主体という観点からは無駄でしかないからです．裏を返せば，人々が資産運用やら保険などをどうするかと思案するのは将来のことを考えているからに他なりません．ここからは本格的に将来のことを考えた経済主体の行動に関する入試問題を見ていきたいと思います．

例題 3.4

　ある個人には今期の所得 Y_1 と来期の所得 Y_2 が確実に得られるものとする．この個人の効用関数は今期の消費を c_1，来期の消費を c_2 として，
$$U = u(c_1) + \beta u(c_2),$$
で表される．ここで $\beta\,(0<\beta<1)$ は割引要因である．

(1) 利子率 $r\,(0<r<1)$ で自由に資産運用や借入ができる場合，この個人の予算制約式はどのように表されるか．

(2) (1) のもとでこの個人が効用最大化行動をしたとする．このとき，今期と来期の消費にはどのような関係が成立しているか．

(3) (2) を満たすもとで利子率が上昇したとする．このとき，この個人の今期と来期の消費はどのように変化するか．

福島大（改題）

解答に進む前に補足しておきます．

消費などとそこから得られる満足度との対応関係を一般に効用関数といいますが，複数期間に関わる話で満足度が1期間しか持続しないものを瞬間効用関数といいます．この関数の性質として $u'(c)>0$, $u''(c)<0$ が仮定されます※6．そして，割引要因は将来実現するであろう効用を現在の尺度で変換する主観的指標を表します．

では (1) の解答から行きます．今期の所得が消費と来期に持ち越す貯蓄 s_2 に配分されるので，

$$Y_1 = c_1 + s_2, \tag{3.14a}$$

が今期の予算制約式になります．問題文を踏まえると，$s_2>0$ なら資産運用など，$s_2<0$ なら借入を表します．他方，来期の所得も消費と来々期に持ち越す貯蓄 s_3 に配分されるため，

$$Y_2 + (1+r)s_2 = c_2 + s_3, \tag{3.14b}$$

が来期の予算制約式になります．ここで (3.14b) 式左辺第2項の $(1+r)s_2$ ですが，$s_2>0$ ならば運用した資産の元金と利子所得の受け取り，$s_2<0$ ならば借り入れた資金の元金と利子費用の支払いをそれぞれ表します．

制約条件式が定義できたので，Y_1, Y_2, r を所与として最適化問題を解きます．一見面倒そうですが制約条件式が複数になっても話は同じで，

$\mathcal{L}(c_1, c_2, s_2, s_3, \lambda_1, \lambda_2) =$
$u(c_1) + \beta u(c_2) + \lambda_1 (Y_1 - c_1 - s_2) + \lambda_2 \{Y_2 + (1+r)s_2 - c_2 - s_3\},$

※6 （瞬間）効用関数の1階微分を限界効用といい，$u'(c)>0$ とは限界効用がプラスであってこの消費者にとって c は好きな財であることを意味する．一方，$u''(c)<0$ とはこの消費者にとって好きな財であっても c が増加するほど限界効用は低下することを意味する．経済分析において効用関数の持つこの性質を限界効用逓減の法則という．

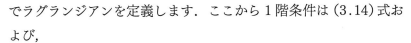

でラグランジアンを定義します．ここから1階条件は (3.14) 式および，

$$u'(c_1) - \lambda_1 = 0, \tag{3.15a}$$

$$\beta u'(c_2) - \lambda_2 = 0, \tag{3.15b}$$

$$-\lambda_1 + (1+r)\lambda_2 = 0, \tag{3.15c}$$

$$-\lambda_2 < 0, \tag{3.15d}$$

で与えられます．ここで (3.15d) 式に注目します．これは来々期に持ち越す貯蓄 s_3 に関する1階条件式ですが，$\lambda_2 > 0$ を考える限り必ず負になります．これは s_3 が増加するほどにラグランジアンは減少するのを意味するため，$s_3^* = 0$ とするのが最善になります[※7]．この個人が念頭におく時間視野は今期と来期の2期ですから，時間視野の外にある来々期のために所得を残すのは意味を成しません．一般に計画期間の先に資源を残さないことを**横断条件**といい，以下の話では常にこれを満たすものとして，積極的に明示しないことにします[※8]．

ところで，この例題ではラグランジェ乗数が2つありますが，(3.15c) 式を使えばうまく消去でき，

[※7] 経済分析ではマイナスの解に経済的な意味をなさないケースが多く，プラスの解を前提とするのが普通である．こうして得られた解を**内点解**という．一方，$s_3^* = 0$ のように何もしないのが最適なケースも存在し，こうした解を**端点解**という．一般に，端点解を許容する制約条件つき最適化問題における1階条件を**キューン・タッカー条件**といい，これを使えば (3.15d) 式は，

$$\lambda_2 s_3 = 0,$$

と表される．この形は第4話に再登場し，分析に決定的な役割を演じる．

[※8] 本文では $s_3 > 0$ をイメージして説明している．ただ，この例題では $s_3 < 0$，つまり借入を返済しないままにするのも排除しなければならない．直感的には借金を残したまま夜逃げするのは許されない⋯．このニュアンスを強調して，横断条件は no ponzi game 条件とも言われる．

$$u'(c_1) = \beta(1+r)u'(c_2), \qquad (3.16)$$

が得られ[※9]，これが (2) の答えになります．なお，瞬間効用関数が具体的に与えられれば (3.16) および (3.14) 式から解が具体的に計算できますが，ここではそれができません．そこで，($s_3^* = 0$ を踏まえた) 今期と来期の消費を各期に得られる所得 $Y_t (t = 1, 2)$ および利子率 r の関数として，$c_t^* = f_t(Y_1, Y_2, r)$ と書くことにします．

さて (3) の意図は $\partial f_t / \partial r$ を計算することですが，計算の手間を考えて $1 + r \equiv R$ を利子要因として以下の手順で $\partial f_t / \partial R$ を導出します．まず (3.14) および (3.16) 式を c_1, c_2, R で全微分しますが，ここではその結果を行列とベクトルを使って表現します．

$$\begin{pmatrix} u''(c_1) & -\beta R u''(c_2) \\ R & 1 \end{pmatrix} \begin{pmatrix} dc_1 \\ dc_2 \end{pmatrix} = \begin{pmatrix} \beta u'(c_2) dR \\ (Y_1 - c_1) dR \end{pmatrix}.$$

これを dc_1, dc_2 について解いて整理すれば，

$$\frac{\partial c_1^*}{\partial R} \equiv \frac{\partial f_1}{\partial R} = \frac{\beta u'(c_2) + \beta R(Y_1 - c_1) u''(c_2)}{u''(c_1) + \beta R^2 u''(c_2)}, \qquad (3.17\text{a})$$

$$\frac{\partial c_2^*}{\partial R} \equiv \frac{\partial f_2}{\partial R} = \frac{(Y_1 - c_1) u''(c_1) - \beta R^2 u'(c_2)}{u''(c_1) + \beta R^2 u''(c_2)}, \qquad (3.17\text{b})$$

と計算できます．この手順で求められた解の性質を明らかにするのを<u>比較静学分析</u>といいます．

瞬間効用関数の性質から (3.17) 式右辺分母の符号は確実にマイナスですが，分子の符号はパッと見では判断できません．そこで $Y_1 - c_1 = s_2 > 0$ としてみます．このとき (3.17a) 式右辺分子の符号は変わらず明らかになりませんが，(3.17b) 式右辺分子の符号はマイナスになります．経済学的直感で言うと，今期資産運用を行う個人に注目すると利子率の上昇によって今期の消費の増減は分からないが，来期の消費は確実に増加するのを意味します．他方，

[※9] この関係式を**オイラー方程式**という．

$Y_1 - c_1 = s_2 < 0$ を仮定します．このとき (3.17a) 式右辺分子の符号は確実にプラスになりますが，(3.17b) 式右辺分子の符号は不確定です．経済学的直感で言うと，今期借入を行う個人において利子率の上昇によって今期の消費は確実に減少するけれども，来期の消費の増減は分からないのを意味します（(3) の答え）．

4. 政府の存在

前節では主体の計画期間が 2 期の例題を扱いました．そして，このモデルには政府の行動が挿入された問題が結構出題されています．本節ではこれにまつわる例題を見ていくことにします．

例題 3.5

次のような L 人のいる 2 期間の経済を考える．消費者は効用の割引現在価値，

$$U = \log c_0 + \beta \log c_1,$$

を最大にするように各期の消費と貯蓄の配分を決める[※10]．ここで $c_t\ (t=0,1)$ は第 t 期における 1 人当たり消費，β は割引要因をそれぞれ表す．各期の所得は外生的に 1 人当たり $y_t > 0$ として与えられている．第 0 期首に保有する資産はゼロとする．すべての消費者は各期の所得のうち税金として $\tau_t y_t$ を政府に支払うものとする．ここで $0 < \tau_t < 1$ である．

政府も 2 期間のみ存在し，各期の政府支出は外生的に $G_t > 0$

[※10] この定式化における対数の底はネイピア数 e であり，前節でみた性質をすべて満足する効用関数などとして経済分析で重宝される．

として与えられている．政府は第 0 期に税収 $\tau_0 y_0 L$ を得て政府支出 $G_0 > 0$ を行い，不足分は借り入れ（公債の発行）で賄うとする．第 1 期には税収 $\tau_1 y_1 L$ を得て政府支出 $G_1 > 0$ を行い，公債を発行していればその償還に充てる．第 0 期首における公債残高はゼロとする．消費者も政府も同じ利子率 $r\,(0<r<1)$ で資産運用および借入を自由に行えるものとする[※11]．

(1) 消費者の異時点間の予算制約式を導出しなさい．
(2) 政府の異時点間の予算制約式を導出しなさい．
(3) 内点解を前提として，最適な第 0 期の消費および第 1 期の消費を導出しなさい．
(4) 他の事情は一定にして第 1 期の政府支出が増加したとき，各期の消費がそれぞれどのように変化するか．
(5) 他の事情は一定にして第 0 期の政府支出が増加したとき，各期の消費がそれぞれどのように変化するか．

横浜国立大ほか（改題）

4.1 (1)(2) の解答

最初に消費者の予算制約式から定義しましょう．各期において外生的に得られる所得から税金を控除した可処分所得が消費と資産運用に配分されるため，

$$(1-\tau_0)y_0 = c_0 + a_1, \qquad (3.18\mathrm{a})$$

$$(1-\tau_1)y_1 + Ra_1 = c_1, \qquad (3.18\mathrm{b})$$

[※11] 異なる有価証券などにおいて，利益率（ここでは r）が同じになることを<u>裁定条件</u>といい，このもとでは消費者にとってどの有価証券を保有するかは無差別になる．

とそれぞれ与えられます．ここで $a_1 \equiv s_1 + b_1$ で，b_1 は政府の発行する公債，s_1 は公債以外の有価証券などの運用（もしくは借入），$R \equiv 1+r$ は利子要因をそれぞれ表します．問題文にある異時点間の予算制約式とは<u>通時的予算制約式</u>ともいい，(3.18a) および (3.18b) 式から a_1 を消去して計画期間を通じた予算制約として表現したもので簡単に，

$$(1-\tau_0)y_0 + \frac{(1-\tau_1)y_1}{R} = c_0 + \frac{c_1}{R}, \tag{3.18c}$$

と表せます（(1) の答え）．ここで (3.18c) 式左辺は消費者が生涯を通じて獲得する可処分所得の<u>割引現在価値</u>，右辺は彼らが生涯を通じて行う消費の割引現在価値をそれぞれ表します[※12]．つまり，通時的予算制約式とは生涯所得と生涯消費が一致することを表します．この点については第 4 話で再び触れます．

次に政府の予算制約式を定義します．政府の収入たる<u>歳入</u>は税金と新規の公債発行，支出たる<u>歳出</u>は政府支出と公債の償還でそれぞれ構成されます．第 0 期には公債の残高はないので $(\tau_0 y_0 + b_1)L = G_0$ で表せますが，$g_t \equiv G_t/L$ を第 t 期における消費者 1 人当たり政府支出として，

$$\tau_0 y_0 + b_1 = g_0, \tag{3.19a}$$

となります．一方，第 1 期には新規公債発行ができないので税収ですべての歳出が賄われ，

$$\tau_1 y_1 = g_1 + Rb_1, \tag{3.19b}$$

となります．よって先と同様に b_1 を消去して，

$$\tau_0 y_0 + \frac{\tau_1 y_1}{R} = g_0 + \frac{g_1}{R}, \tag{3.19c}$$

[※12] 割引現在価値とは将来の所得や消費を現在の貨幣価値で換算したものを指す．

が得られます((2)の答え).この意味は(3.18c)式と同じで,(3.19c)式左辺にある2期間の歳入合計(の割引現在価値)と右辺にある2期間の歳出合計(の割引現在価値)が一致することを表します.

4.2 (3)の解答

制約条件式が定義できたのであとはこれまで通りです.計画期間が2期なので(3.18c)式を用いた計算もできますが,これまで通り問題の効用関数と(3.18a)および(3.18b)式からここでのラグランジアンを,

$\mathcal{L}(c_0, c_1, a_1, \lambda_0, \lambda_1) =$
$\log c_0 + \beta \log c_1 + \lambda_0 \{(1-\tau_0)y_0 - c_0 - a_1\} + \lambda_1 \{(1-\tau_1)y_1 + Ra_1 - c_1\}$,

と定義して計算します.1階条件は(3.18a),(3.18b)式および以下の3式で与えられます.

$$\frac{1}{c_0} - \lambda_0 = 0, \tag{3.20a}$$

$$\beta \cdot \frac{1}{c_1} - \lambda_1 = 0, \tag{3.20b}$$

$$-\lambda_0 + R\lambda_1 = 0. \tag{3.20c}$$

(3.20a)および(3.20b)式を(3.20c)式に代入して整理すれば,

$$c_1 = \beta R c_0, \tag{3.21}$$

と(3.16)式と同様の関係式が得られ,これと(3.18c)式を連立して各期の消費の組み合わせは,

$$(c_0^*, c_1^*) = \left(\frac{(1-\tau_0)y_0 + (1-\tau_1)y_1/R}{1+\beta}, \frac{\beta\{R(1-\tau_0)y_0 + (1-\tau_1)y_1\}}{1+\beta} \right),$$
$$\tag{3.22}$$

と計算できます（(3)の答え）※13．ちなみに例題3.4(3)と異なり，利子要因の上昇は第0期の消費を確実に減少させ，第1期の消費を確実に増加させるのが分かります．

4.3　(4)(5)の解答

これらの問題は政府支出 G_t の増加つまり財政政策の実施が各期の消費 c_t に与える影響を調べるものですが，g_t の増加が与える影響と考えて問題ありません．一見難しそうですが，(3.19c)式を使って(3.22)式を書き換えれば明瞭になります．実際，

$$(c_0^*, c_1^*) = \left(\frac{y_0 + y_1/R - (g_0 + g_1/R)}{1+\beta}, \frac{\beta R\{y_0 + y_1/R - (g_0 + g_1/R)\}}{1+\beta} \right), \tag{3.23}$$

となって，前節の比較静学分析を行うまでもなく g_t の増加が各期の消費を確実に減少させるのが分かります．

4.4　プチ解説

ここまでの結果の持つ意味をかいつまんで解説します．

政府が毎期直面する予算制約式は議会によって事前に決定されなければなりません（予算の事前議決の原則という）．そこで決定される τ_t を所与として消費者は最適化行動を行い，消費と貯蓄に配分します．ところが，例題の政府支出を増加するとは事前に決めた予算を変更することを意味し，財源をどうするかを含めて再

※13　なお，(3.22)式を(3.18a)もしくは(3.18b)式に代入すれば，
$$a_1^* = \frac{\beta(1-\tau_0)y_0 - (1-\tau_1)y_1/R}{1+\beta},$$
と消費者の貯蓄が計算できる．

度議会で審議・決定しなければなりません（こうして編成された予算が<u>補正予算</u>である）．

　さて，第1期において政府が財政政策を実施したとします．このとき，仮定から政府は新規の公債発行ができませんから財源は税金で賄うしかありません．消費者にとれば第1期の政府支出の増加は同期に増税されることを意味し，それが同期の可処分所得の減少を通じてc_1^*の減少をもたらします．さらに，第1期の所得減少への対応で貯蓄を増額させ，したがってc_0^*の減少ももたらしてしまうわけです．

　次に，第0期において財政政策が実施されたケースを考えます．第1期と異なり，このときの財源は増税か公債発行（もしくは2つの組み合わせ）が可能です．もし第0期の増税で財源のすべてを賄えば上と同じ議論ができ，各期の消費減少をもたらします．一方，公債発行で財源のすべてを賄った場合は第0期の増税がないので消費者は喜びそうですが，政府は将来における公債の償還のために増税しなければなりません．つまり第0期の公債発行は第1期の増税を同時に意味するため，第1期の財政政策の話がそのまま成り立ちます[※14]．この結果は財源の組み合わせ方に関係なく，第0期における財政政策の実施は各期の消費を同様に減少させる結果をもたらします．これは (3.23) 式からも明らかで，経済分析ではこれを<u>リカードの等価命題</u>といいます．

　マクロ経済学の入門書では公債発行を財源とする財政政策は景

[※14] (3.22) および (3.19a) 式を使って上の脚注で計算した貯蓄を書き換えると，
$$s_1^* = \frac{(\beta y_0 - y_1/R) - (\beta g_0 - g_1/R)}{1+\beta},$$
となる．ここから $\partial s_1^*/\partial g_0 < 0$，$\partial s_1^*/\partial g_1 > 0$ であるのが分かる．

気対策として有効（いわゆる乗数効果）であるのと同時に，増税を財源とすれば有効でないと解説されます．上の話の関連でいえば，入門書で解説される結論は財源の違いで財政政策の効果が異なるとなりますが，その原因の1つに人々の異時点間最適化という合理的行動を前提するかどうかにあると言えます．

5. まとめにかえて

ここまでラグランジェ乗数法にもとづく最適化問題に関する例題を見てきました．そこに微分方程式はおろか差分方程式は一切出ませんでした．このあたりは経済学とりわけマクロ経済学特有の事情があります．

昔のマクロ経済分析の典型は第1話や第2話でみたソローモデルで，数多くの集計関数を仮定してから数本の式に集約させる形で分析が進められてきました．その背後には，人々の合理的行動がそのまま経済全体の動態を語れるわけではないという考え方がありました（いわゆる合成の誤謬）．ですが，ある時期から経済全体の動態を語る上でも人々の合理的行動を丹念に分析すべきという機運が高まり，それがマクロ経済学のミクロ的基礎づけという流れにつながりました．第3話はそこへ接続する数学的手法に関する解説を試みたわけです．

さぁ私の独り語りもあと1つです．

第4話

異時点間最適化問題の本丸へ

　かつて藤間先生の場所を間借りして雑誌連載を担当し，本書の企画に当たり再度間借りする形で登壇した私の独り語りも，いよいよ最終話を迎えます．第4話は大学院入試をクリアした先にある本丸に攻め込んでいこうと思います．

　経済系の大学院で学ぶ本丸，すなわち上級者向け基礎理論には幾つかあるのですが，その1つが経済成長理論です．これを扱う数学的基礎が微分方程式や差分方程式で，それが第1話および第2話のメッセージでした．そして経済成長理論は，連立方程式体系を前提に微分方程式なり差分方程式に集約して分析するスタイルから，経済主体の合理的行動をモデルに組み込んで精緻化する方向へ．いまは連立方程式体系を前提したモデルが再評価される動きも見られますが，マクロ経済学のミクロ的基礎づけは大学院以降の分析のスタンダードなのは間違いありません．このスタンダードを理解するには制約条件つき最適化問題を避けては通れない，これが第3話のメッセージでした．

さぁ，2つのメッセージが1つに合流した先に見えるモデルの姿とは…？

1. 3期間モデル

とはいえ，いきなり本丸に突入するのは少々無茶なので，第3話の2期間モデルを少し拡張させた例題から見ていくことにしましょう．

例題 4.1

代表的家計から構成される3期間モデルを考えよう．代表的家計は生涯効用を最大にするように各期の消費を決定する．c_t を第 t 期 $(t=0,1,2)$ の消費として，代表的家計の効用関数は，
$$U = \log c_0 + \beta \log c_1 + \beta^2 \log c_2,$$
で与えられる．β $(0<\beta<1)$ は割引要因である．

この代表的家計は消費とともに生産活動を行えるものとする．すなわち，第 t 期首に存在する資本ストック k_t を利用して生産を行い，その成果 $f(k_t)$ を第 t 期の消費と第 $t+1$ 期の生産のための資本蓄積に配分する．ただし，この家計は第0期首において資本ストック k_0 を保有しているものとし，各期の生産に利用された資本ストックは同期末に完全に摩耗すると仮定する．なお，以下の問題では，
$$f(k_t) = A_t k_t,$$
と特定化しておく．ここで A_t は第 t 期における生産性を表し，当面一定と仮定する．

(1) 代表的家計の効用最大化行動から得られる，第 τ 期と第

$\tau+1$ 期 ($\tau=0,1$) の消費の関係式を導出しなさい．
(2) (1) の結果を用いて各期の最適消費を導出しなさい．
(3) 第 0 期の生産性が $A_0 = \overline{A}$ であるとする．ここで第 1 期の生産性が $A_1 = \theta \overline{A}$（ただし $\theta > 1$）に増加し，第 2 期に $A_2 = \overline{A}$ と第 0 期の水準に戻ったとする．この変化が各期の消費および資本蓄積に及ぼす影響について説明しなさい．

京都大（改題）

問題を解く前に制約条件式を定義しましょう．問題文にあるように第 t 期の生産に利用した資本ストックが完全に摩耗することと，第 3 話よりここでの横断条件 ($k_3 = 0$) を満たすことを踏まえます．

$$A_0 k_0 = c_0 + k_1, \tag{4.1a}$$
$$A_1 k_1 = c_1 + k_2, \tag{4.1b}$$
$$A_2 k_2 = c_2. \tag{4.1c}$$

1.1　(1) の解答

制約条件式が 3 つあっても話は第 3 話と同じでここでもラグランジアンが定義できますが，後の話のために配列を若干変えます．
$$\mathcal{L} = \{\log c_0 + \lambda_0 (A_0 k_0 - c_0 - k_1)\} + \{\beta \log c_1 + \lambda_1 (A_1 k_1 - c_1 - k_2)\}$$
$$+ \{\beta^2 \log c_2 + \lambda_2 (A_2 k_2 - c_2)\}.$$

すなわち，第 t 期のラグランジアンの総和で 3 期間全体のラグランジアンを定義するわけです．この問題の 1 階条件は (4.1) 式および以下の諸式で与えられます．

$$\frac{1}{c_0} - \lambda_0 = 0,$$

$$\frac{\beta}{c_1} - \lambda_1 = 0,$$

$$\frac{\beta^2}{c_2} - \lambda_2 = 0,$$

$$-\lambda_0 + A_1 \lambda_1 = 0,$$

$$-\lambda_1 + A_2 \lambda_2 = 0.$$

ここから λ_t を消去して答えに到達します．

$$c_1 = \beta A_1 c_0, \tag{4.2a}$$

$$c_2 = \beta A_2 c_1. \tag{4.2b}$$

計画期間が3期になっても，消費については隣接する2期間の関係式としてまとめられることを (4.2) 式は表しており，（話を先取りしますが）十分長い計画期間においても同じになります．

1.2 (2) の解答

答えに到達するために (4.1b), (4.1c) および (4.2b) 式を連立して整理します．

$$c_1 = \frac{A_1}{1+\beta} \cdot k_1, \tag{4.3a}$$

$$k_2 = \frac{\beta A_1}{1+\beta} \cdot k_1. \tag{4.3b}$$

そして (4.1a), (4.2a) および (4.3a) 式を連立すれば，

$$c_0^* = \frac{A_0}{1+\beta(1+\beta)} \cdot k_0, \tag{4.4a}$$

$$k_1^* = \frac{\beta(1+\beta) A_0}{1+\beta(1+\beta)} \cdot k_0, \tag{4.4b}$$

と計算でき，(4.4b) 式を (4.1c) および (4.3) 式に代入すれば残りの変数の組み合わせは，

(c_1^*, k_2^*, c_2^*)
$$= \Big(\frac{\beta A_1 A_0}{1+\beta(1+\beta)} \cdot k_0, \ \frac{\beta^2 A_1 A_0}{1+\beta(1+\beta)} \cdot k_0, \ \frac{\beta^2 A_2 A_1 A_0}{1+\beta(1+\beta)} \cdot k_0\Big), \quad (4.4c)$$
と計算できます．

1.3 (3) の解答

すべての期間で $A_t = \overline{A}$ が成り立っているとします．このとき解の組み合わせは，

(c_0^*, c_1^*, c_2^*)
$$= \Big(\frac{\overline{A}}{1+\beta(1+\beta)} \cdot k_0, \ \frac{\beta \overline{A}^2}{1+\beta(1+\beta)} \cdot k_0, \ \frac{\beta^2 \overline{A}^3}{1+\beta(1+\beta)} \cdot k_0\Big),$$
$$(k_1^*, k_2^*) = \Big(\frac{\beta(1+\beta)\overline{A}}{1+\beta(1+\beta)} \cdot k_0, \ \frac{\beta^2 \overline{A}^2}{1+\beta(1+\beta)} \cdot k_0\Big),$$

と書き変えられます．ここで，問題文にしたがって第1期の生産性のみが $A_1 = \theta \overline{A}$ になったとします．このときの解の組み合わせを $(\hat{c}_t, \hat{k}_t)$ とおけば，

$(\hat{c}_0, \hat{c}_1, \hat{c}_2)$
$$= \Big(\frac{\overline{A}}{1+\beta(1+\beta)} \cdot k_0, \ \frac{\beta \theta \overline{A}^2}{1+\beta(1+\beta)} \cdot k_0, \ \frac{\beta^2 \theta \overline{A}^3}{1+\beta(1+\beta)} \cdot k_0\Big),$$
$$(\hat{k}_1, \hat{k}_2) = \Big(\frac{\beta(1+\beta)\overline{A}}{1+\beta(1+\beta)} \cdot k_0, \ \frac{\beta^2 \theta \overline{A}^2}{1+\beta(1+\beta)} \cdot k_0\Big),$$

と計算できます．仮定より第1期以降において $c_1^* < \hat{c}_1$, $c_2^* < \hat{c}_2$, $k_2^* < \hat{k}_2$ が成り立ち，これは一時的な生産性上昇の影響がその後の期においても波及することを意味します．

1.4 プチ解説

ここまでの話で次節以降につながる部分について簡単に解説し

ます．

まず (4.1) 式に注目します．第 0 期には大きさの変えられない k_0 をもとに生産を行い，その結果を消費 c_0 と第 1 期の生産のための資本蓄積 k_1 に分けます．ここで決まった k_1 は第 1 期ではもはや変えられず，第 0 期と同様のふるまいをします．つまり，k_t は第 t 期の時点で値を変更できないが第 $t+1$ 期以降のために調整できる，こんな性質を持つ変数だと見ることができます．一般に，異時点間最適化問題においてこうした変数のことを**状態変数**といい，制約条件式は状態変数に関する差分（もしくは微分）方程式で表されます．これとの対比で言うと c_t は毎期その値を決めますので**制御変数**といいます[※1]．そして，1 階条件を整理して得られた (4.2) 式を見れば c_t に関する 1 階差分方程式になっているのが分かります．つまり，異時点間最適化問題を解く上での重要なステップは制御変数に関する差分（もしくは微分）方程式を導出することにあると言えます．

次に (4.3) 式に注目します．これは第 1 期において値を定める各変数が同期における状態変数の関数となっています．この関係式を**動的計画法**流に**最適政策**といいますが，これを導出する際に横断条件を使っています．一方，(4.4a) および (4.4b) 式も最適政策を表しますが，k_0 が与えられているすなわち初期条件であるのを踏まえると，(4.4c) 式を含めてすべての変数が初期条件の関数として計算できるのが分かります．

以上を踏まえると，異時点間最適化問題は状態変数と制御変数からなる連立差分（もしくは連立微分）方程式を解くことに帰着

[※1] そして λ_t のことを**共役変数**，共役状態変数，補助変数などという．

し，初期条件と横断条件を使えば解を確定させることができる．
大まかにはこんな感じになるのではないでしょうか．

2. T 期間モデルへの拡張〜ハミルトニアンによる解法〜

例題 3.4 からここまで結構な紙幅を割いて計画期間の短い異時点間最適化問題を解説してきました．その中で，問題を解くには 1 期間のラグランジアンを順次解く構造になっているのが見えてきたかと思います．そこで本節では，計画期間の十分長い T 期間の最適化問題を考えます．その中で計算に便利な**ハミルトニアン**を定義し，それを使った解法について見ていこうと思います．なお，ハミルトニアンが利用できる異時点間最適化問題を**最適制御問題**といいます．

2.1 一般的説明

経済分析に直接利用できる範囲でありつつも一般的な状況を考えます．もっとも典型的な計画期間 T の最適制御問題は離散時間のもとで次式で定式化されます．

$$\text{Max} \quad U = \sum_{t=0}^{T} \beta^t u(c_t),$$

$$\text{s.t.} \quad k_{t+1} - k_t = g(k_t, c_t).$$

前節の解説にしたがい，c_t は制御変数，k_t は状態変数であるとします．ラグランジアンは，

$$\mathcal{L} = \sum_{t=0}^{T} \left[\beta^t u(c_t) + \lambda_t \{ g(k_t, c_t) - k_{t+1} + k_t \} \right],$$

で定義できます．ここで計画期間の最後である T 期の部分だけを

書き出します．

$$\beta^T u(c_T) + \lambda_T \{g(k_T, c_T) - k_{T+1} + k_T\}.$$

これを見ると k_{T+1} がありますが，これまでの話から $k_{T+1} > 0$ とするのに合理的根拠がありません．ここから横断条件が $k_{T+1} = 0$ もしくは $\lambda_T k_{T+1} = 0$ と与えられます．

ここで関数 H_t を，

$$H_t \equiv \beta^t u(c_t) + \lambda_t g(k_t, c_t), \tag{4.5}$$

と定義し，これが t 期のハミルトニアンとなります．そしてこれを踏まえて 1 階条件を計算します．まず，制御変数については計画期間中の任意の時点において，

$$\frac{\partial \mathcal{L}}{\partial c_t} = \beta^t u'(c_t) + \lambda_t \frac{\partial g}{\partial c_t} = \frac{\partial H_t}{\partial c_t} = 0,$$

を満たさねばなりません．次に，状態変数は t 期では動かせず $t+1$ 期の値を決める話でしたから，k_{t+1} に関する条件式として導出します．

$$\frac{\partial \mathcal{L}}{\partial k_{t+1}} = -\lambda_t + \lambda_{t+1}\left(\frac{\partial g}{\partial k_{t+1}} + 1\right) = -\lambda_t + \lambda_{t+1} + \frac{\partial H_{t+1}}{\partial k_{t+1}} = 0.$$

これは $0 \leq t \leq T-1$ を満たす任意の時点で満たさねばなりません．最後に，ラグランジェ乗数に関する 1 階条件は制御変数と同様，計画期間中の任意の時点において，

$$\frac{\partial \mathcal{L}}{\partial \lambda_t} = g(k_t, c_t) - k_{t+1} + k_t = \frac{\partial H_t}{\partial \lambda_t} - k_{t+1} + k_t = 0,$$

を満たさねばなりません．

以上を踏まえると，最適制御問題の 1 階条件は次のようにまとめられ，これと横断条件を合わせて**最大値原理**といいます．

$$\frac{\partial H_t}{\partial c_t} = 0 \Longleftrightarrow \beta^t u'(c_t) + \lambda_t \frac{\partial g}{\partial c_t} = 0, \tag{4.6a}$$

$$\lambda_{t+1}-\lambda_t=-\frac{\partial H_{t+1}}{\partial k_{t+1}} \iff \lambda_{t+1}-\lambda_t=-\lambda_{t+1}\frac{\partial g}{\partial k_{t+1}}, \qquad (4.6\text{b})$$

$$k_{t+1}-k_t=\frac{\partial H_t}{\partial \lambda_t} \iff k_{t+1}-k_t=g(k_t,c_t). \qquad (4.6\text{c})$$

こうして1階条件が求められたので,(詳細な導出過程は省きますが)これまで通り (4.6a) および (4.6b) 式から λ_t を消去して整理することで制御変数に関する1階差分方程式が導出できます.

2.2 例題 4.1 への応用

せっかくですから,例題 4.1 における計画期間を十分長い T 期に延長したケースを考えます.このときの最適制御問題を次のように定式化します.

$$\text{Max} \quad U=\sum_{t=0}^{T}\beta^t \log c_t,$$

$$\text{s.t.} \quad k_{t+1}-k_t=\overline{A}k_t-c_t-\delta k_t.$$

例題からの唯一の変更点は資本ストック k_t が生産活動によっても $\delta\,(0<\delta<1)$ の割合しか摩耗しないと仮定する点です.この問題のハミルトニアンは (4.5) 式にもとづいて,

$$H_t\equiv \beta^t \log c_t+\lambda_t\,(\overline{A}k_t-c_t-\delta k_t),$$

と定義でき,1階条件は次のようにまとめられます.

$$\frac{\partial H_t}{\partial c_t}=0 \iff \frac{\beta^t}{c_t}-\lambda_t=0, \qquad (4.7\text{a})$$

$$\lambda_{t+1}-\lambda_t=-\frac{\partial H_{t+1}}{\partial k_{t+1}} \iff \lambda_{t+1}-\lambda_t=-\lambda_{t+1}(\overline{A}-\delta), \qquad (4.7\text{b})$$

$$k_{t+1}-k_t=\frac{\partial H_t}{\partial \lambda_t} \iff k_{t+1}-k_t=\overline{A}k_t-c_t-\delta k_t, \qquad (4.7\text{c})$$

$$\lambda_T k_{T+1}=0. \qquad (4.7\text{d})$$

そして (4.7a) および (4.7b) 式から λ_t を消去して，

$$\frac{c_{t+1}}{c_t} = \beta(1+\overline{A}-\delta), \qquad (4.8)$$

という，c_t に関する 1 階差分方程式が得られます[※2]．

　前節でも軽く触れたように，最適制御問題を解く過程で制御変数と状態変数に関する連立差分方程式，ここでは (4.7c) および (4.8) 式を解く必要があります．ただ，いまの例では定数係数なので第 1 話の方法にしたがって解けますが，ここでは位相図を使って解こうと思います．

　そのために $x_t \equiv c_t/k_t$ と新たに変数を定義します．微分方程式ならこの変数の両辺を t で微分して…となるのですが，差分方程式の場合，差もしくは比をとります．ここでは比をとって検討を進めます．(4.7c) および (4.8) 式を使って整理すると，

$$\frac{x_{t+1}}{x_t} = \frac{c_{t+1}}{c_t}\frac{k_t}{k_{t+1}} = \frac{\beta(1+\overline{A}-\delta)}{(1+\overline{A}-\delta)-x_t}, \qquad (4.9)$$

となります．ここで (4.9) 式を図示したものが図 4–1 です．図を見れば分かるように，これは横軸および $x_t = 1+\overline{A}-\delta$ を漸近線とする直角双曲線で，$x_t \geq 0$ すなわち $x_{t+1}/x_t \geq 0$ の範囲では右上がりの曲線となります．そして，この図において定常状態は $x_{t+1}/x_t = 1$ を満たすときですから，点 $(x^*, 1)$ がこれに該当します．

　ここで $x_0 < x^*$ なる x_0 が与えられたとします．すると図から $x_1/x_0 < 1$ であって，これは x_t が横軸上を左に進むことを意味します．この動きは $x_{t+1}/x_t < 1$ である限り続くので，早晩 $x_t = 0$ に

[※2] これを経済分析ではケインズ・ラムゼイルールとも言う．

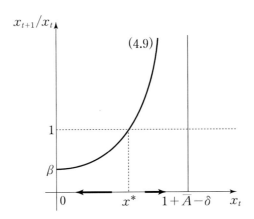

図 4-1 位相図による解の確定

限りなく近づきます．この経路は横断条件を満たすでしょうか？これを確認するために (4.7a) および (4.8) 式を (4.7d) 式に代入して整理すれば，

$$\frac{(1+\overline{A}-\delta)\beta^{T+1}}{x_{T+1}} = 0, \tag{4.10}$$

となります．ここから明らかなように $x_{T+1} \to 0$ のときに (4.10) 式左辺がゼロに収束する保証はありません．経済学的に解釈すればこのケースは $c_{t+1}/c_t < k_{t+1}/k_t$ であって，資本蓄積すなわち生産の拡大に対して消費の拡大が追いつかない状況に陥ります．これで経済システムが持続するわけがなく，合理的に行動する代表的家計の観点からこうなる経路は選ばないはずです．

ならばと $x_0 > x^*$ なる x_0 が与えられたとします．すると図から $x_1/x_0 > 1$ であって，これは x_t が横軸上を右に進むことを意味します．この動きは $x_{t+1}/x_t > 1$ である限り続くので，早晩 $x_t = 1+\overline{A}-\delta$ に漸近します．この状況は (4.10) 式より $\beta^{T+1} \to 0$

であって，一見横断条件を満足するように思われます．ところがこれは $c_{t+1}/c_t > k_{t+1}/k_t$ が持続する状況であって，経済学的には消費の拡大に対して生産が追いつかない状況を意味します．これも経済システムとしては持続しません．よって $x_0 > x^*$ なる x_0 も合理的家計に選ばれることはありません．

以上のことから，初期条件 k_0 のもとで $x_0 = x^*$ すなわち，

$$c_0 = (1-\beta)(1+\overline{A}-\delta)k_0,$$

となるように初期消費を選べばいいことになります．これは 0 期から定常状態にあるような選択を行い，第 1 話の解説および (4.8) 式より $\Gamma_k = \Gamma_c = \beta(1-\overline{A}-\delta)-1$ を満足する均斉成長経路が実現することを意味します[※3]．

[※3] ここの話を例題 4.1(3) に当てはめてみよう．

第 τ 期に生産性が $\theta\overline{A}$ に上昇したが翌期には $\overline{A}$ に戻って，以降生産性が $\overline{A}$ で持続したとする．図 4-1 をもとにすれば，生産性の上昇は漸近線 $x_t = 1 + \overline{A} - \delta$ が右にシフトするのにしたがい右上がりの曲線も右にシフトする．これにより $x_{t+1}/x_t = 1$ を満たす x^* も上昇するが，これまでの検討から代表的家計は新たな定常値をただちに選択（ジャンプ）する．第 $\tau+1$ 期において生産性は元の水準に戻るが，これまでの話から代表的家計はただちに元の定常値を選択（ジャンプ）する．

この動きを (4.8) 式で見れば，第 τ 期において $c_\tau/c_{\tau-1} = \beta(1+\theta\overline{A}-\delta)$ となって (1 プラス) 成長率は上昇するが，第 $\tau+1$ 期以降は (4.8) 式で与えられる (1 プラス) 成長率に戻る．その意味では一時的な生産性の上昇はその時点の成長率にしか影響を与えないが，もとの例題通り c_t, k_t の水準に持続的な影響を及ぼす．第 $\tau+1$ 期以降における c_t, k_t の軌道は c_τ, k_τ が初期条件となるが，これが生産性の上昇により増加するからである．

2.3 ライフサイクルモデルへの応用

例題 4.2

　社会人1年目を0期としてn期まで働き，$n+1$期からリタイアしてT期に確実に死亡する個人を考える．ただし，$0<n<T$である．この個人は初期資産$a_0>0$を持ち，働く間は毎期一定のwだけの賃金所得を得る．これと利子所得$r_t a_t$の合計で消費c_tと資産の増分$a_{t+1}-a_t$に配分する．ただし，利子率は$r_t=1/\beta-1$で一定であるとする．一方，この経済には年金システムはなく，リタイア後には過去に積み立てた資産を取り崩して消費を行う．なお，この個人の目的は次の効用関数を最大化するように行動する．

$$U = \sum_{t=0}^{T} \beta^t \frac{c_i^{1-\theta}}{1-\theta}.$$

ここでβ $(0<\beta<1)$は割引要因，θ $(0<\theta<1)$は相対的危険回避度[※4]をそれぞれ表す．

(1) 効用最大化行動を通じて消費はどのように推移するか．その関係式を導出せよ．
(2) t期に保有する資産残高を導出せよ．

九州大（改題）

[※4] <u>相対的危険回避度</u>とは人々がリスクに対してどの程度回避したいかを表す尺度の1つで，$|u''c/u'|$で定義される．$u=c^{1-\theta}/(1-\theta)$とおいて実際計算すれば$|u''c/u'|=\theta$となり，この瞬間効用関数は相対的危険回避度が一定という特徴を持っている．

2.3.a （1）の解答

この個人が働いている間 $(0 \leq t \leq n)$ は毎期一定の賃金所得が得られますから，

$$a_{t+1}-a_t = r_t a_t + w - c_t, \qquad (4.11\text{a})$$

となる一方，リタイア後 $(n+1 \leq t \leq T)$ には賃金所得がありませんから，

$$a_{t+1}-a_t = r_t a_t - c_t, \qquad (4.11\text{b})$$

がそれぞれの制約条件式となります．よって定義されるハミルトニアンも2つあって，与えられた瞬間効用関数および(4.11)式より，

$$H_t = \beta^t \frac{c_t^{1-\theta}}{1-\theta} + \lambda_t (r_t a_t + w - c_t), \quad 0 \leq t \leq n,$$

$$H_t = \beta^t \frac{c_t^{1-\theta}}{1-\theta} + \lambda_t (r_t a_t - c_t), \quad n+1 \leq t \leq T,$$

となります．1階条件は(4.11)式および，

$$\beta^t c_t^{-\theta} - \lambda_t = 0,$$

$$\lambda_{t+1} - \lambda_t = -\lambda_{t+1} r_{t+1},$$

と与えられます．これまでと同様 λ_t を消去すれば，

$$\left(\frac{c_{t+1}}{c_t}\right)^\theta = \beta(1+r_{t+1}), \qquad (4.12)$$

が得られます．(4.12)式は $0 \leq t \leq T-1$ を満たす任意の時点で成立しますが，これが答えではありません．なぜなら，問題文にある利子率を(4.12)式に代入すれば $(c_{t+1}/c_t)^\theta = 1$ すなわち $c_t = c_{t+1}$ になるからです．これが(1)の答えとなって，以下において c_t, r_t にある時間の添え字を省略します．

2.3.b （2）の解答

仮定より利子率が毎期一定，ここから消費も一定になると導かれましたので，(4.11) 式はもっとも基本的な 1 階差分方程式になります．第 1 話から (4.11a) 式の一般解は，

$$a_t = A(1+r)^t - \frac{w-c}{r},$$

と簡単に計算でき，初期条件から任意定数 A を定めれば確定解は，

$$a_t = \left(a_0 + \frac{w-c}{r}\right)(1+r)^t - \frac{w-c}{r}, \qquad (4.13\mathrm{a})$$

で与えられます．一方 (4.13b) 式の一般解は，

$$a_t = A(1+r)^t + \frac{c}{r},$$

で与えられますが，任意定数 A を定める際には注意が必要です．これはリタイア後の資産残高の推移を表しますが，その初期は $n+1$ 期です．そしてこの初期値は (4.13a) 式にしたがって決まりますから，任意定数は，

$$A = a_0 + \frac{R(n)w}{r} - \frac{c}{r},$$

となって（ただし，$R(n) \equiv 1 - 1/(1+r)^{n+1}$）確定解は，

$$a_t = \left(a_0 + \frac{R(n)w}{r} - \frac{c}{r}\right)(1+r)^t + \frac{c}{r}, \qquad (4.13\mathrm{b})$$

と計算できます．

が，これも答えではありません．(4.13b) 式が横断条件を満たさねばならないからです．そのため，この例題における横断条件 $(a_{T+1}=0)$ を (4.13b) 式に当てはめて整理すると，

$$a_0 + \frac{R(n)w}{r} = \frac{R(T)c}{r}, \qquad (4.14)$$

となります．ここから，

$$c = \frac{ra_0 + R(n)w}{R(T)},$$

と消費が計算できます．a_0, r, w, n, T がすべて定数なので，こうして一定の消費水準が定まるわけです．したがってこれを (4.13) 式に戻せば，

$$a_t = \left[\left(1 - \frac{1}{R(T)}\right)a_0 + \left(1 - \frac{R(n)}{R(T)}\right)\frac{w}{r}\right](1+r)^t$$
$$+ \frac{a_0}{R(T)} - \left(1 - \frac{R(n)}{R(T)}\right)\frac{w}{r},$$

が働く間，そして，

$$a_t = \left(a_0 + \frac{R(n)w}{r}\right)\left[\left(1 - \frac{1}{R(T)}\right)(1+r)^t + \frac{1}{R(T)}\right],$$

がリタイア後における資産残高の推移をそれぞれ表します．

2.3.c　プチ解説

例題 4.1 およびその拡張版では計画期間中ずっと生産活動に従事する代表的家計が考えられていました．生産活動を労働に置き換えれば，「生涯現役」で働き続ける人を念頭においていたわけです．ですが，一般にわれわれはずっと働き続けられるわけではなく，仮に健康であっても一定のタイミングで退職を余儀なくされ，資産を食いつぶして余生を過ごす人々の方が圧倒的に多いかと思います．こうした状況をうまく定式化して生涯を通じた消費が平準化されることを示したのが<u>ライフサイクルモデル</u>です．

この例題では利子率が生涯を通じて一定と仮定したため結果的に消費が生涯を通じて一定になりましたが，それで明瞭になることがあります．それが (4.14) 式です．

(4.14) 式左辺第 2 項は働く間に得られる賃金の割引現在価値を表し，これと第 1 項の初期資産との合計で生涯所得を表します．一方右辺は生涯にわたって行われる消費の割引現在価値を表し，したがって (4.14) 式は生涯所得と生涯消費が等しいことを意味します．この点は例題 3.5 でみた通時的予算制約式と同じで，さらに言えば，生涯所得と生涯消費が等しくなるのを保証するための条件が横断条件だとも言えるわけです[※5]．

3. 世代重複モデルの基本

最適制御問題を使った経済分析において，とりわけ初学者にとって頭を悩ませるのが計画期間の終端 T の経済学的解釈です．例題 4.2 のライフサイクルモデルなら自分の寿命を念頭におけばすんなり理解できますが，数学的には T を任意に仮定してよく，それこそ無限先の未来まで考えることが可能です．すると「代表的家計は不老不死なのか？」と思ってしまうわけです．これに対しては，「0 期から始まる自分の一族が永続するためにはどうすればいいか？」と解釈することで悩まなくて済みます．その意味で，最適制御問題を使った経済分析，その代表例がラムゼイモデルですがその別名が王朝モデルとよばれる所以がここにあります．他方，この手の話でもう 1 つ悩ましい話があります．たとえば 0 期に L_0 人

[※5] $a_{T+1} > 0$ とすることが合理的だと思われる根拠の 1 つが遺産の存在である．人々が遺産を残す経済学的根拠にはさまざまな議論があってここでの詳細な解説は避けるが，もしこのモデルで個人が $b(>0)$ だけの遺産を残すとすれば，(4.14) 式は，

$$a_0 + \frac{R(n)w}{r} = \frac{R(T)c}{r} + (1-R(T))b,$$

に修正される．この場合は生涯所得と遺産を含めた生涯支出が一致する．

の主体がいたとして,彼らが一斉に最適制御問題を解く状況が暗に考えられています.そこには(瞬間効用関数や制約条件式に現れる)主体間の違いや同時代に存在する世代の違いは一切考慮されません.ただ,大胆な単純化をするおかげで比較動学分析(例題2.2参照)などを通じて経済成長の特徴を詳細に分析できるわけです.

大胆な単純化のもたらす恩恵に感謝しつつも,捨象した事項が気になって仕方ないのも人間.そのあたりを踏まえて,異時点間最適化問題を念頭に産まれた世代を明示したモデルが存在し,これが世代重複モデルです.ここではそれにまつわる例題を見ていくことにします.

例題 4.3

毎期新たな世代が生まれる世代重複経済を考える.任意の t 期 ($t \geq 0$) 生まれた世代は t 期に若年期,$t+1$ 期に老年期を過ごす.この個人の効用関数は,

$$U_t = \log c_t^y + \beta \log c_{t+1}^o,$$

で表されるとする.c_t^y は t 期の若年期消費,c_{t+1}^o は $t+1$ 期の老年期消費,β ($0<\beta<1$) は割引要因をそれぞれ表すとする.

この個人は若年期首に資産を保有せず,労働を通じて w_t だけの労働所得を得て,これを消費および資産 a_{t+1} に振り分けるとする.老年期に労働所得はなく,資産所得 $R_{t+1}a_{t+1}$ のすべてを消費に用いるものとする.R_{t+1} は $t+1$ 期の 1 プラス利子率である.一方,生産関数は,

$$Y_t = AK_t^\alpha L_t^{1-\alpha},$$

で与えられるものとする.ここで Y_t は生産,K_t は資本ストッ

ク，L_t は労働，$A\,(>0)$ は生産性，$\alpha\,(0<\alpha<1)$ は資本分配率をそれぞれ表すとする．労働に関しては $L_{t+1}=(1+n)L_t$ を満たしているとする．$n\,(>0)$ は人口成長率である．

(1) 効用を最大にする各期の消費および資産を答えよ．

(2) 財市場の均衡を満たすとき，その関係式を 1 人当たり資本ストック $k_t\,(\equiv K_t/L_t)$ を使って表せ．また，この関係式を使って定常状態における 1 人当たり資本ストックを求めよ．

(3) 定常状態における 1 人当たり消費の合計 $c^y+c^o/(1+n)$ を最大にする条件を「黄金律」というが，このときの 1 人当たり資本ストックを求めよ．

(4) この経済に賦課方式[※6]による年金システムが導入されたとする．具体的には t 期に若年期に属する個人から労働所得のうち $\tau\,(0<\tau<1)$ の割合だけの所得税を課し，それを t 期に老年期に属する個人 1 人当たり p_t だけの年金を支給する．このとき，τ を適当に動かすことで「黄金律」を達成できるか．検討せよ．

東京工業大（改題）

3.1 (1) の解答

問題文に明記されていないので若年期が何年間あって老年期が

[※6] 賦課方式とは，任意の時点における勤労世代から徴収した年金保険料を同時点の引退世代に対する年金保険金として支給するシステムのことをいう．一方，勤労世代から徴収した年金保険料を金融市場で運用してその成果を年金保険金として支給するシステムを<u>積立方式</u>という．

何年間あって…と考えると大変ですが，概念的に 2 世代に分かれているると考えれば 2 期間モデルとして解くことが可能です．したがって第 3 話と同様，

$$w_t = c_t^y + a_{t+1}, \qquad (4.15\text{a})$$

$$R_{t+1}a_{t+1} = c_{t+1}^o, \qquad (4.15\text{b})$$

を制約条件とする効用最大化問題を解きます．その結果は，

$$(c_t^y, c_{t+1}^o, a_{t+1}) = \left(\frac{w_t}{1+\beta}, \frac{\beta R_{t+1}w_t}{1+\beta}, \frac{\beta w_t}{1+\beta}\right), \qquad (4.16)$$

と計算できます．

3.2 (2) の解答

この小問を解くためには企業の行動を定式化する必要がありますが，ここでは詳しく触れずに結果だけ示します．

$$R_t = \alpha A K_t^{\alpha-1} L_t^{1-\alpha}, \qquad (4.17\text{a})$$

$$w_t = (1-\alpha) A K_t^{\alpha} L_t^{-\alpha}. \qquad (4.17\text{b})$$

次に t 期における財市場の均衡を考えます．t 期には若年期に属する個人が L_t 人，老年期に属する個人が L_{t-1} 人それぞれ存在します．そして，t 期に生産された財は各世代の消費および資本蓄積に配分されますから，財市場の均衡は $Y_t = c_t^y L_t + c_t^o L_{t-1} + K_{t+1}$ と表せます．これに (4.15) 式を代入して整理すれば，

$$Y_t = (w_t L + R_t a_t L_{t-1}) + (-a_{t+1}L_t + K_{t+1}),$$

となります．ここで右辺第 1 項の $a_t L_{t-1}$ に注目します．これは t 期で老年期に属する個人が保有する資産総額ですが，（問題文にはありませんが）その全額が金融市場を経由して企業の資本蓄積のた

めの資金に投入されます．つまり $a_t L_{t-1}$ は K_t に置き換えることができ，右辺第 1 項に (4.17) 式を代入すれば Y_t に等しく（第 1 話のオイラーの定理参照）なります．したがって，財市場が均衡するときには右辺第 2 項がゼロでなければならず，例題 1.4 の解き方を参考にしつつ $K_{t+1} = a_{t+1} L_t$ に (4.16) および (4.17) 式を代入して整理すると，

$$(1+n)k_{t+1} = \frac{\beta(1-\alpha)A}{1+\beta} \cdot k_t^\alpha, \qquad (4.18)$$

となって，k_t に関する 1 階差分方程式が得られます．

あとは経済分析お得意の位相図を使って (4.18) 式の動態を探ります．その結果は図 4-2 に示されています．α に関する仮定から (4.18) 式は右上がりで傾きが徐々になだらかになる曲線となり，$k_t > 0$ の範囲で 45 度線と 1 つだけ交点を持ちます．ここで初期条件 k_0 を横軸上の図の位置に与えたとします．このとき (4.18) 式によって k_1 が定まり，これを横軸に変換するために 45 度線を使います．横軸上に k_1 を移したら再び (4.18) 式にしたがって k_2 が定まって，これを 45 度線通じて横軸に変換して…を繰り返します．するとこの動きは (4.18) 式と 45 度線との交点に到達するまで進み，そこで定常状態が成立します[※7]．したがって，(4.18) 式の動態は任意の初期条件のもとで必ず定常値，

$$k = \left[\frac{\beta(1-\alpha)A}{(1+\beta)(1+n)}\right]^{\frac{1}{1-\alpha}}, \qquad (4.19)$$

へ収束するのが分かります．

[※7] ゆえにこのもとで $\Gamma_Y = \Gamma_K = \Gamma_C = n$ を満たす均斉成長経路が実現する．詳細は第 1 話を参照されたい．

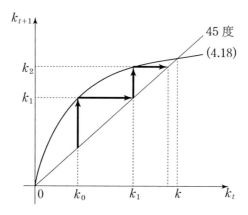

図4-2 世代重複モデルの動態

3.3 (3)の解答

この経済が定常状態にあるとします．このときの財市場は時間の添え字を省略した上で若年期人口1人当たりで評価すると，

$$c^y + \frac{c^o}{1+n} = Ak^\alpha - (1+n)k,$$

となります．問題文や例題1.4にあるように黄金律は定常状態における消費が最大になっている状況です．ここでは左辺の各世代1人当たり消費の合計が最大であるもとで満足する1人当たり資本ストックを計算する問題ですが，これは簡単に，

$$k^G = \left(\frac{\alpha A}{1+n}\right)^{\frac{1}{1-\alpha}}, \tag{4.20}$$

と求められます．

3.4 (4)の解答

この経済に賦課方式の年金システムが導入されたときの影響と，政府による税率の調整で定常値を(4.20)式に誘導できるかどうか

を検討する問題です．ただ，年金システムの導入により個人の行動が影響を受けるため最適化問題を解き直す必要があります．そこで問題文に即して (4.15) 式を修正します．

$$(1-\tau)w_t = c_t^y + a_{t+1}, \qquad (4.21\text{a})$$

$$R_{t+1}a_{t+1} + p_{t+1} = c_{t+1}^o. \qquad (4.21\text{b})$$

個人は政府の定めた年金システムのパッケージ (τ, p_{t+1}) を所与として，これまでと同じ手法で各期の消費および資産を計算します．その組み合わせは，

$$(c_t^y, c_{t+1}^o, a_{t+1}) = \left(\frac{v_t}{1+\beta}, \frac{\beta R_{t+1} v_t}{1+\beta}, \frac{\beta(1-\tau)w_t - p_{t+1}/R_{t+1}}{1+\beta} \right), \qquad (4.22)$$

に修正されます（ただし，$v_t \equiv (1-\tau)w_t + p_{t+1}/R_{t+1}$ はこの個人の生涯所得を表す）．

年金システムの導入で企業の行動変化に関する記述がありませんから，(4.17) 式はそのまま成り立ちます．以上を踏まえて財市場の均衡について考えます．先と同じ方法を通じて t 期における財市場の均衡は，

$$Y_t = (w_t L + R_t a_t L_{t-1}) + (-\tau w_t L_t + p_t L_{t-1}) + (-a_{t+1} L_t + K_{t+1}),$$

に修正されます．右辺第 1 項は先と同じ理由で Y_t に一致します．第 2 項は歳入総額 $\tau w_t L_t$ と年金支給総額 $p_t L_{t-1}$ との差を示しています．問題文を見れば政府に年金支給以外の使途はありませんから，両者は一致，すなわち右辺第 2 項もゼロになります．以下，これを若年期人口 1 人当たりで評価した関係式として，

$$p_t = \tau(1+n)w_t, \qquad (4.23)$$

と示しておきます．これで政府の予算制約式を表します．よって，このときも財市場が均衡するとき $K_{t+1} = a_{t+1} L_t$ が成り立ち，これ

に (4.17), (4.22) および (4.23) 式を代入して整理すれば,

$$(1+n)k_{t+1} = \frac{\alpha\beta(1-\tau)(1-\alpha)A}{\alpha(1+\beta)+\tau(1-\alpha)} \cdot k_t^\alpha, \quad (4.24)$$

となって, このケースも k_t に関する 1 階差分方程式が得られます. (4.18) 式と比べて k_t^α につく係数が少々複雑ですが, (4.24) 式の描く動態の性質は図 4-2 と変わりません. すなわち任意の初期条件から始まる動態は定常値,

$$k = \left[\frac{\alpha\beta(1-\tau)(1-\alpha)A}{(1+n)\{\alpha(1+\beta)+\tau(1-\alpha)\}}\right]^{\frac{1}{1-\alpha}} \equiv k(\tau), \quad (4.25)$$

に向かって必ず収束します.

問題の意図はここからで, 政府が τ を動かすことで黄金律を達成できるかどうかを確認しなければなりません. これについては (4.20) 式と (4.25) 式が一致すればよく,

$$\tau = \frac{\beta}{1+\beta} - \frac{\alpha}{1-\alpha} \equiv \tau^*,$$

と求められます. ただし, 答えが意味を持つためには $\tau^* > 0$ でなければならず, 2 つのパラメーター α, β の間に,

$$\alpha < \frac{\beta}{1+2\beta},$$

が成り立っていなければなりません.

3.5 プチ解説

例題 1.4 (4) では黄金律を満足する貯蓄率を求め, それが実現するのは偶然の一致でしかないと指摘しました. 一方, この例題では個人の合理的行動と政府の調整を通じて黄金律が達成できるのではないか？ この点について少々立ち入った検討をしようと思います.

そのために，(4.19)式と(4.20)式の大小比較をします．政府が年金システムを通じて黄金律を目指すということは，それがないもとでの実現可能性はやはり偶然の一致しかないかもしれないからです．実際これをすると，

$$k \gtreqless k^G \iff \frac{\beta}{1+\beta} - \frac{\alpha}{1-\alpha} = \tau^* \gtreqless 0, （複号同順） \quad (4.26)$$

となります．先の話よりパラメーター α, β が $\alpha < \beta/(1+2\beta)$ を満たすとき $\tau^* > 0$ なる所得税率が存在しますが，この結果は(4.26)式より $k > k^G$ すなわち年金システムのない定常状態が黄金律と比べて過剰蓄積の状態になっていなければなりません．逆に言えば，$k < k^G$ の意味で過少蓄積が成り立つもとでは年金システムの導入で黄金律の実現は不可能なことを意味します．

なぜそうなるのか？(4.25)式を τ で偏微分すれば，

$$\frac{\partial k(\tau)}{\partial \tau} = -\frac{(1+\alpha\beta)k}{(1-\tau)(1-\alpha)\{\alpha(1+\beta)+\tau(1-\alpha)\}} < 0,$$

となって，年金システムの導入を通じて1人当たり資本の定常値は導入前に比べて確実に減少するからです．これを個人の観点で言えば，(4.23)式と世代間人口の仮定より，若年期に徴収された所得税を上回る年金保険金の支給が確実なため，資産をより多く残す動機が弱まるからです．

したがって，年金システムの導入と税率の調整で黄金律は実現可能だが，それは経済が過剰蓄積な定常状態に行き着く場合に限られる．こんな話になるわけです．

4. まとめにかえて

ここまでは大学院入学後のマクロ経済学で学ぶ2つのモデル，

すなわちラムゼイモデルと世代重複モデルに直接つながる例題を中心に解説を試みてきました．

ラムゼイモデルは最適制御問題を経済分析に応用したもので，経済成長の源泉を詳細に分析するのが得意です．その起点として第1話や第2話でソローモデルとその周辺を取り上げました．他方，世代重複モデルは第3話の2期間モデルを基本にしつつ産まれた世代を明示することで，年金システムに代表される世代間の資源移転のありようなどについて分析するのが得意です．

第Ⅰ部では藤間先生お得意の微分方程式に関する大学院入試問題を解説していただき，微分方程式の経済分析への応用という観点から，私中村が第Ⅱ部を独り語りしてみました．大学院入試問題を素材にする縛りがあるとはいえ，話の中心はやはり差分方程式を用いる例題ばかりでした．ただ，第1話の冒頭で述べた通り微分方程式と差分方程式は密接な関係があり，同じ話を扱う場合，どちらを使っても答えの本質は変わらない．要は道具は使いよう…これを最後の言葉として，第Ⅱ部をお開きにしたいと思います．

補足　連続時間にもとづく最適制御問題

第4話では大学院入試問題の出題傾向を踏まえて，離散時間を使った最適制御問題のみを扱いました．ここでは第2節での解説を連続時間に変えたバージョンについて簡単に触れることにします．

時間間隔が限りなく小さくなるのである時点の目的 $u(c_t)$ の総和は積分が利用されます．そして，経済分析で想定される割引要因

が ρ を時間選好率として $e^{-\rho t}$ に変わります[※8]．これを念頭にもっとも典型的な最適制御問題は次式で定式化されます．

$$\text{Max} \quad U = \int_0^T e^{-\rho t} u(c_t) dt, \tag{A.1}$$

$$\text{s.t.} \quad \dot{k}_t = g(k_t, c_t). \tag{A.2}$$

第2節第1項での解説にしたがい，ここでも c_t は制御変数，k_t は状態変数であるとします．そして，制約条件式 (A.2) 式は微分方程式で表されます．この問題のラグランジアンは，

$$\mathcal{L} = \int_0^T [e^{-\rho t} u(c_t) + \lambda_t \{g(k_t, c_t) - \dot{k}_t\}] dt, \tag{A.3}$$

で定義できますが，$\lambda_t \dot{k}_t$ の積分に部分積分法を利用します．

$$\mathcal{L} = \int_0^T [e^{-\rho t} u(c_t) + \lambda_t g(k_t, c_t)] dt - \lambda_T k_T + \lambda_0 k_0 + \int_0^T \dot{\lambda}_t k_t dt. \tag{A.4}$$

ここで (A.4) 式右辺第1項の被積分関数がハミルトニアン，

$$H_t \equiv e^{-\rho t} u(c_t) + \lambda_t g(k_t, c_t), \tag{A.5}$$

に該当します[※9]．一方，(A.4) 式右辺第2項は終端における $\lambda_t k_t$ ですが，これをプラスにするとラグランジアンの値が減少するのでこれをゼロに，すなわち $\lambda_T k_T = 0$ が横断条件になります．

[※8] ちなみに，ρ を使って割引要因を定義すると $\beta = 1/(1+\rho)$ となる．

[※9] (A.5) 式を特に**現在価値ハミルトニアン**という．一方，$\hat{\lambda}_t \equiv \lambda_t e^{\rho t}$ とおけば (A.5) 式は，

$$H_t = e^{-\rho t} \{u(c_t) + \hat{\lambda}_t g(k_t, c_t)\},$$

と書き換えられる．よって上式 { } 内の

$$\hat{H}_t = u(c_t) + \hat{\lambda}_t g(k_t, c_t),$$

もハミルトニアンであり，特に**当該価値ハミルトニアン**という．もちろんだが，どちらのハミルトニアンを使っても計算結果は同じである．

これを踏まえて 1 階条件を計算します．まず制御変数については (A.3) もしくは (A.4) 式および (A.5) 式より，

$$\frac{\partial \mathcal{L}}{\partial c_t} = \int_0^T \left\{ e^{-\rho t} u'(c_t) + \lambda_t \frac{\partial g}{\partial c_t} \right\} dt = \int_0^T \frac{\partial H_t}{\partial c_t} dt = 0,$$

を満たさねばなりません．厳密には積分した値がゼロであればいいとなりますが，毎期瞬間効用が最大になることを考えれば，

$$\frac{\partial H_t}{\partial c_t} = 0, \tag{A.6a}$$

が成り立ちます．次に状態変数については (A.4) 式より，

$$\frac{\partial \mathcal{L}}{\partial k_t} = \int_0^T \left(\lambda_t \frac{\partial g}{\partial k_t} + \dot{\lambda}_t \right) dt = \int_0^T \left(\frac{\partial H_t}{\partial k_t} + \dot{\lambda}_t \right) dt = 0,$$

を満たします．ですが、先と同じ理屈から，

$$\dot{\lambda}_t = -\frac{\partial H_t}{\partial k_t}, \tag{A.6b}$$

になります．最後にラグランジェ乗数に関する 1 階条件は (A.3) 式より，

$$\frac{\partial \mathcal{L}}{\partial \lambda_t} = \int_0^T \{ g(k_t, c_t) - \dot{k}_t \} dt = \int_0^T \left(\frac{\partial H_t}{\partial \lambda_t} - \dot{k}_t \right) dt = 0,$$

を満たさねばなりませんが制約条件は毎期満たさねばならないので，

$$\dot{k}_t = \frac{\partial H_t}{\partial \lambda_t}, \tag{A.6c}$$

が成り立ちます．こうして，連続時間にもとづく最適制御問題における最大値原理は横断条件および (A.6) 式で与えられます．そして，これまで通り λ_t を消去して整理することで制御変数 c_t に関する 1 階微分方程式が導出できます．

第II部　読書案内

　経済分析で使用する数学に特化したテキストや解説書は数多ありますが，ここでは私が実際に手を取って勉強したものを中心に紹介しようと思います．

- 小山昭雄（2017〜8）『（新装版）経済数学教室』岩波書店．
  　経済分析で使用する数学に関して体系的に解説した名著．「線型代数の基礎（上）（下）」「線型代数と位相（上）（下）」「微分積分の基礎（上）（下）」「ダイナミックシステム（上）（下）」「確率論」の9冊からなる．本書と直接関連する内容はダイナミックシステムが詳しい．

- 和田貞夫（1989）『動態的経済分析の方法』中央経済社．
  　具体例として挙げられている経済モデルに少々時代を感じるが，微分方程式や差分方程式を位相図として描く手法を明快に解説する数少ない名著．

- 西村清彦（1990）『経済学のための最適化理論入門』東京大学出版会．
  　1時点の最適化問題から異時点間最適化問題にいたる筋道や1階条件の持つ意味などを丁寧に解説している．

- Romer, D. (2018), Advanced Macroeconomics (fifth edition). McGrow-Hill.
  （堀雅博・岩成博夫・南條隆（訳）(2010)『上級マクロ経済学（原著第3版）』日本評論社．）
  　学部上級から大学院初級辺りまでをカバーする有名なテキスト．

原著版にはスタディガイドが豊富に揃っていることも特徴.

- Barro, R. J. and X. Sala-i-Martin (2003), Economic Growth (2nd. ed). MIT Press.
（大住圭介（訳）(2006)『内生的経済成長の理論』九州大学出版会.）
　大学院以降に学ぶマクロ経済学の代表的テキスト．ソローモデルから最適制御問題として定式化されたラムゼイモデル，その先にある内生的成長理論までカバーする．原著は1冊だが，大住による翻訳版は2冊に分かれている.

- 二神孝一 (2012)『動学マクロ経済学』日本評論社.
　一貫して差分方程式を用いて経済成長理論を解説する珍しいテキスト．Barroらのテキストではあまり触れられていない世代重複モデルも詳しく解説されている.

- 大住圭介 (2003)『経済成長分析の方法』九州大学出版会.
　書名の通り，経済成長理論を研究する上で必要な数学的基礎を1冊にまとめたもの．理論で得られた結論を実証的に検証する計量経済学に関する数学的基礎も解説されているのが特徴.

- Chang, A.C. and K.Weinwright (2005), Fundamental Methods of Mathematical Economics (fourth edition). McGrow-Hill.
（小田正雄（訳）(2010)『現代経済学の数学基礎（第4版）』シーエービー出版.）

- Chang, A. C. (1992), Elements of Dynamic Optimization. McGrow-Hill.
（小田正雄・仙波憲一・高森寛・平澤典男（訳）(2006)『動学的最適化の基礎』シービーエー出版.）

経済数学初心者向けの有名なテキスト．『現代経済学…』翻訳版の上巻は静学（1時点の）分析，下巻は動学分析で差分方程式や微分方程式を丁寧に解説している．その延長に『動学的…』があり，これも解説が丁寧で初学者向けである．

- 馬場敬之（2023）『常微分方程式キャンパスゼミ（改訂10）』マセマ．
- 江川博康（2019）『弱点克服　大学生の微分方程式』東京図書．

微分方程式がスラスラ解けるように配慮されたもの．高校数学がある程度スラスラ解けるのであれば，この辺りから始めるのもいいかもしれない．

- Linda J.S.Allen（2007），An Introduction to Mathematical Biology. Pearson Educational Inc.
（竹内康博・佐藤一憲・守田智・宮崎倫子（監訳）（2011）『生物数学入門』共立出版．）

経済数学ではないが，生物学に必要な微分方程式や差分方程式について上手く解説している．学際的研究がスタンダードになる中にあっては，同じ数学を用いながらも扱いが微妙に異なる内容を学ぶ際の参考になる1冊である．

- 中村勝之（2021）『（新装版）大学院へのマクロ経済学講義』現代数学社．

名著が並ぶ中に拙著をおくのは実におこがましいが，本書の執筆スタイルの原点にもなっているのであえて挙げさせてもらった．大学院入試対策として最低限必要な数学と経済学の知識をまとめたもの．

あとがき

「現代数学社の月刊誌である,『理系への数学』(当時の誌名)がリニューアルするにあたって大学院の問題を題材にした連載が企画されているから, 藤間君担当してみたら」と桃大経済学部の大先輩の安藤洋美先生に言われたのはいつのことだったのか, もう記憶もさだかではありません. しかし, 個人的に色々と思いまどうことがあった時期だったことだけは覚えています. 大学院の恩師だった三村昌泰先生に, 別件の議論のついでに連載のことを話したときの「連載記事を書くことはしんどいが勉強になるから受けてみたら」という言葉に背中を押され, 自分の整理のためにも, 院試レベルの解析学を見直すのもよいかと考えて引き受けたように記憶しています.

自分自身の, わかった感がなかった問題をしっかり書きなおし, 言語化することが読者のためだと思って, 自分が引っ掛かりを覚えながら処理した問題や取り組んだ挙句に「わかった」感を得た問題を中心に題材を選んだ結果, 体系だった連載とはなりませんでしたが, 逆に解析学についての色々な切り口を月1回のペースで読者に提供できたのではなかったかと思っています.

現代数学社富田社長の勧めもあり, 18年の年月を経て, 単行本という形で出版することになったのは望外の喜びです.

折角の出版なので, 一冊の書籍としてのまとまりとなるように順番を入れ替え, またあちこちを加筆修正しました. 特に各月の掲載分の口上とまとめについては, 単行本の書籍の章の始まりと終わりにふさわしく書き直しました. 本来でしたら, 各分野の新しい本の中で復習に良い本も参考文献に加えるべきなのでしょうけど, そこまでは手が及びませんでした.

さて, 日本の学術の21世紀第一四半期は20世紀に比べて劣化の一途をたどっていると感じています. その例としては, 2020年の数

字で対 GDP 教育投資比率が OECD 加盟国平均の 4.9% に対して日本は 3.0% で 38 国中 35 位であること，ピアレビューによる科研費採択に対する政治家の容喙，専門性学術会議任命拒否問題，また大学の運営に研究者以外の参画を求めることや実務家教員の導入への誘導等，枚挙にいとまがありません．その中で，大学と言う存在は疲弊しながらも次世代育成に努力しているというのが現状だと思います．

しかし，資源もなくまた食料自給率も低いこれからの日本を支えるのは本当の知性の持ち主，すなわち単に言われたことを消化不良のままにするのではなく，自分が「わかった感」を得るまでしっかり学んだことに取り組む若者だと信じます．本書が，そのような若者の一助となればと願っています．

最後になりますが，現代数学社の富田栄前社長と富田淳現社長の無限とも言える支援があって，はじめてこの本が日の目を見ました．この場をかりてお礼申しあげます．

藤間　真

「中島みゆきはいつも新しい」

2024 年 7 月某日，大阪で開催された『中島みゆき展』を見に行った際，会場に入って最初に目に飛び込んできたのが冒頭のフレーズです．長きにわたり中島みゆきさんの楽曲をそれこそ浴びるように聴き込んできた私にとって，このフレーズはストンと納得するものがありました．

〈時代が変わった〉〈変化のスピードが速い〉などと言われて久しいですが，数学に限らず経済学の世界にも流行やトレンドがあります．本書のもとになった雑誌連載から 20 年近く時が流れていますが，執筆のために改めて大学院入試を眺めて，連載当時からのあまりの違

いに戸惑ってしまいました．当時最先端だった手法も時が経てばあたり前になる．それを学ぶなら入試段階ではこれくらい自在に操れないと困る．学問の深化とはこういうものだと実感しつつ，思わず悲鳴を上げてしまいました．私のつたない数学的スキルをフル稼働させて藤間先生担当の第Ⅰ部の内容を踏まえつつ，経済数学に惹きつけた問題をピックアップして物語を考える．結果的にゼロからの原稿作成となりましたが，この作業自体は実に楽しくて，気づけば本書の企画から1か月くらいで仕上げていました．

　ここまで読み進まれた皆様はお分かりかもしれませんが，私の数学の理解度は相当雑です．定義から定理に至る筋道を厳密に突き詰めるのが数学の本道とするならば，経済数学はその筋道を担いつつも経済分析への用法，つまり解法の解説にも注力しています．なので，利用という点において高校数学がある程度できれば経済数学は何とかやり過ごせてしまうのも事実．ただ，それで満足してはならない．突き詰めるべき筋道があるなら突き詰めるべき．本書の執筆で改めて気づきました．気付いた…と言うより，これまで厳封して目を背けてきた箱の封を解く…こんな感じでしょうか．開封したらどんな世界が見えてくるのか？　思わずゾッとしてしまいそうですが，そのきっかけを与えてくれた微分方程式，冒頭のフレーズをもじって「微分方程式はいつも新しい」これをもって私の独り語りをお開きにさせて頂こうと思います．

　最後になりましたが，現代数学社の富田淳氏と富田栄氏には無限とも思える包容力で著者2人を見守って頂きました．今回もその包容力に甘えてしまいましたが，親子2代にわたって尽力頂いていることに感謝します．また，私の業務を陰で支えて頂いている青木希代子さんには第Ⅱ部執筆にあたっても色々と支援して頂きました．記して感謝します．

中村　勝之

索 引

■**数字**
1 階条件　185, 209
1 次同次　154
2 階条件　186

■**アルファベット**
CFL 条件　131
KdV 方程式　103
Möbius 変換　20
n 階線型常微分方程式　32

■**かな**
●**あ行**
安定性　55
遺産　223
異時点間最適化問題　184, 212
位相図　150, 163, 216
一次分数変換（linear fractional transformation）　19
一般解　141, 158, 221
稲田条件　154, 172
オイラー（Euler）の公式　5
オイラーの定理　154, 227
オイラー方程式　198
黄金律　153, 225
横断条件　197, 209, 233
王朝モデル　→ラムゼイモデル

●**か行**
解析的（analytic）　18
価格　188
確定解　141, 159, 221
過少蓄積　231
過剰蓄積　231
借入　195
技術進歩率　148, 163
ギブス（Gibbs）の現象　118
規模に関して収穫不変　154, 168
基本解　142, 160
キューン・タッカー条件　197
共役（状態）変数　212
行列　145, 161, 198
　係数——　146, 161
　単位——　146
　縁付きヘッセ——　187
行列式　187
　首座小——　187
局所安定　150
均衡　225
均斉成長経路　155, 167, 218
金融市場　225
クレーロー（Clairaut）型方程式　50
クロネッカー（Kronecker）のデルタ　106
ケインズ・ラムゼイルール　216
限界効用　196
　——逓減の法則　196
コーシーの積分定理　25
コーシー・リーマン（Cauchy–Riemann）の式　11
コール・ホップ（Cole-Hopf）変換　84
公債　201
　——（の）発行　175, 200

241

―――の償還　201
合成の誤謬　205
効用　188
　―――関数　188, 208
国内総生産（GDP）　154, 162, 183
固定係数型　→レオンティエフ型
コブ・ダグラス型　154
固有値　142, 160
固有方程式　142, 160

●さ行

財市場　174, 225
歳出　201
財政政策　179, 203
最大値原理　214, 234
裁定条件　200
最適政策　212
最適制御問題　213, 232
歳入　201, 229
財の総需要　148, 163
差分方程式　137, 212
　1階―――　139, 212
　2階―――　142
　高階―――　141
　連立―――　145, 212
時間選好率　233
資源制約式　192
資産運用　188
自然成長経路　174
資本　148, 171
　―――係数　148
　―――減耗率　148, 162
　―――ストック　162, 208

　―――蓄積　162, 208
　―――分配率　148, 162, 225
　―――労働比率　162
ジャンプ　164, 218
収束　140, 159, 217
主問題　184
需要関数　189
瞬間効用関数　196, 219
乗数効果　205
状態変数　212, 233
消費　148, 162, 188, 208
　生涯―――　201, 223
　―――関数　162
　―――者　188
初期条件　141, 159, 212
所得　147, 176, 188
　可処分―――　176, 200
　生涯―――　201, 223
　―――税　225
進行波解　100
人口成長　147
　―――率　148, 162, 225
制御変数　212, 233
生産関数　147, 162, 224
生産要素に関して収穫逓減　154, 168
税金　→税収
税収　175, 200
政府　174, 199, 228
　―――支出　175, 199
制約条件式　184, 209, 233
制約条件つき最適化問題　183, 207
積分路変形の原理　25
世代重複モデル　224

線形近似　150
双曲線関数　8
増税　177, 204
相対的危険回避度　219
双対問題　184
相平面　38
相平面図　38
ソローモデル　147, 157, 183, 232

●た行
大域安定　151, 166
対応する斉次方程式　32
対称点　22
代表的家計　208
端点解　197
弾力性　193
　　交差——　194
貯蓄　179, 196
　　——率　148, 162, 230
賃金　191, 219
積立方式　225
定常状態　149, 163, 216
定常値　140, 158, 227
定数変化法　46
ディリクレ - ジョルダン (Dirichlet–Jordan) の定理　112
投資　148, 162
同次方程式　142, 158
動的計画法　212
特殊解　33, 140, 158
特性基礎曲線　90
特性方程式　33
ド・モアブルの公式　144

●な行
内点解　197
ニュートン (Newton) 法　122
任意定数　141, 159, 221
年金システム　219
年金保険金　225
年金保険料　225
no ponzi game 条件　→横断条件

●は行
バーガーズ (Burgers) 方程式　84
発散　140, 161
ハミルトニアン　213, 233
　　現在価値——　233
　　当該価値——　233
ハロッド中立的技術進歩
　　　　→労働増加的な技術進歩
反応拡散系　81
比較静学分析　198
比較動学分析　166, 224
非斉次　32
非調和比 (anharmonic ratio)　20
非同次方程式　140, 158
微分方程式　157, 212, 233
　　1 階——　158, 234
　　2 階——　160
　　連立——　161, 212
フーリエ係数　107
フーリエ (Fourier) の法則　77
フーリエの方法　81
フェエル (Fejér) の平均　118
フォン・ノイマン (von Neumann) の安定性解析　131

賦課方式　225
複素数　144
複比（cross ratio）　20
平衡点　51
閉鎖経済　147, 167
ベクトル　145, 161, 198
　　固有——　146, 161
　　ゼロ——　146
ベルヌーイ型　159
ベルヌーイ（Bernoulli）の微分方程式
　　44
変数分離形　45
包絡線　50
保険　195
保証成長経路　173
補助変数　→共役変数
補正予算　204

●ま行
マクロ経済学のミクロ的基礎づけ
　205, 207
未定係数法　34, 160

●や行
有界変動関数　112
有価証券　147, 200
余暇　191
余関数　32, 142, 160
予算制約式　188, 229
　　通時的——　201, 223
予算の事前議決の原則　203
余方程式　142, 160

●ら行
ライフサイクルモデル　222
ラグランジアン　185, 209, 233
ラグランジェ乗数　185, 214, 234
ラグランジェ乗数法　185
ラムゼイモデル　223
リーマン（Riemann）球面　24
リカードの等価命題　204
リッツ（Ritz）の方法　124
離散時間　138, 232
利潤率　148
利子要因　198
利子率　195, 219
留数　25
留数定理　25
レオンティエフ型　169, 190
連続時間　138, 232
ローラン展開　25
労働　171, 192, 224
　　有効——　148
　　——供給関数　193
　　——者　148
　　——所得　192, 224
　　——人口　162
　　——生産性　148, 163
　　——増加的な技術進歩　148
　　——力　173

●わ行
割引現在価値　199, 223
割引要因　195, 208, 232

著者紹介：

藤間 真（とうま・まこと）

博士（数理科学）
1983 年　大阪大学理学部数学科卒業
1985 年　広島大学大学院理学研究科修士課程修了
1985 年　日本ビジネスオートメーション株式会社（現東芝情報システム株式会社）入社
1996 年　桃山学院大学赴任
2013 年　明治大学大学院先端数理科学研究科博士課程修了
現　在　桃山学院大学経済学部教授

中村 勝之（なかむら・かつゆき）

修士（教育学）
1994 年　大阪教育大学教育学部教養学科卒業
1996 年　大阪教育大学大学院修士課程教育学研究科修了
1999 年　大阪市立大学後期博士課程経済学研究科単位取得退学
1999 年　龍谷大学経済学部（特定任用教員）
現　在　桃山学院大学経済学部教授

主な著書・論文
『データでみる岡山』（シリーズ『岡山学』13）吉備人出版（2016 年，共著，分担執筆）
『（新装版）大学院へのマクロ経済学講義』現代数学社（2021 年）
『学生の「やる気」の見分け方（文庫改訂版）』幻冬舎（2021 年）
『（新装版）大学院へのミクロ経済学講義』現代数学社（2022 年）

経済数学の羅針盤

		2024 年 11 月 21 日　初版第 1 刷発行
著　者	藤間　真・中村　勝之	
発行者	富田　淳	
発行所	株式会社　現代数学社	
	〒 606-8425 京都市左京区鹿ヶ谷西寺ノ前町 1	
	TEL 075 (751) 0727　FAX 075 (744) 0906	
	https://www.gensu.co.jp/	
装　幀	中西真一（株式会社 CANVAS）	
印刷・製本	山代印刷株式会社	

ISBN 978-4-7687-0647-3　　　　　　　　　　　　　　Printed in Japan

● 落丁・乱丁は送料小社負担でお取替え致します．
● 本書のコピー、スキャン、デジタル化等の無断複製は著作権法上での例外を除き禁じられています．本書を代行業者等の第三者に依頼してスキャンやデジタル化することは、たとえ個人や家庭内での利用であっても一切認められておりません．

　　　　　　　　　　　　　　　　　　ⓒ Makoto Tohma・Katsuyuki Nakamura